Adameck Guimarães

Volume II

Termologia

Óptica

&

Ondas

Dados Internacionais de Catalogação na Publicação (CIP)
(Câmara Brasileira do Livro, SP, Brasil)

Guimarães, Adameck
EsPCEx [livro eletrônico] : física : terminologia óptica & ondas / Adameck Guimarães. -- 1. ed. -- Brasília, DF : Adameck Guimarães, 2023. -- (Preparação ; 2)
PDF

ISBN 978-65-00-86128-0

1. Concurso público - Metodologia 2. Concurso público - Preparação 3. Escola Preparatória de Cadetes do Exército (EsPECx) 4. Física - Estudo e ensino 5. Ondas (Física) 6. Óptica (Física) I. Título II. Série.

23-180687 CDD-530.7

Índices para catálogo sistemático:

1. Física : Estudo e ensino 530.7

Aline Graziele Benitez - Bibliotecária - CRB-1/3129

ISBN: 978-65-00-86128-0
CBL
9 786500 861280

Apresentação

A presente obra buscar trazer um resumo dos principais assuntos presentes nos concursos de admissão à EsPCEx. Nesse volume exploro os conceitos de termologia, ótica e ondas mais presentes nas provas dos concursos da EsPCEX. Embora, a maior parte das questões presentes no referido concurso seja de mecânica, o estudante que estuda também os conceitos acima citados, com certeza leva vantagem diante de seus concorrentes.

Adameck de F. Guimarães é autor e professor titular do Colégio Militar de Brasília (Sistema Colégio Militar do Brasil). É autor do ebook: Física para os concursos dos Institutos e Academias Militares. Com doutorado em Física dos Plasmas pela Universidade de Brasília.

Sumário

Termologia

Temperatura

A temperatura é a medida do grau de agitação das partículas que compõe um sistema físico. Quando um sistema físico recebe energia térmica, não ocorrendo mudança de estado, as suas partículas passam a se agitar mais intensamente, ou seja, a temperatura aumenta. Caso contrário, quando um sistema físico perde energia térmica, suas partículas passam a se agitar menos intensamente, a temperatura diminui.

Escala termométrica

Utilizamos alguns valores numéricos como referência para a temperatura de um sistema físico chamado de escala termométrica. As escalas mais comuns são: Celsius, Fahrenheit e Kelvin. Adotamos pontos fixos para as escalas, a saber, o ponto de gelo (fusão da água) e o ponto de ebulição de vapor (ebulição da água), nas condições normais de pressão.

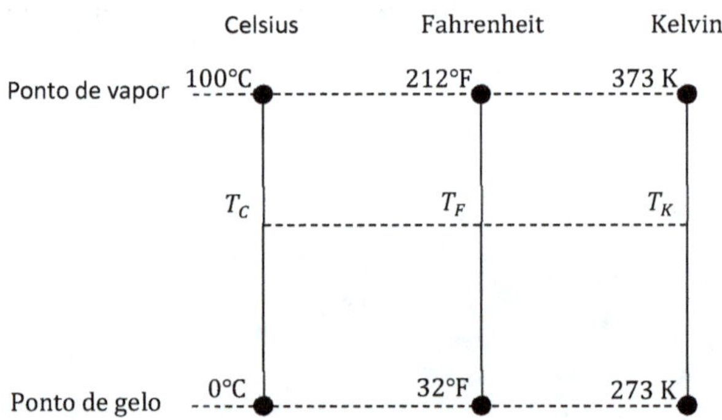

Conversão entre as escalas

$$\frac{T_C}{5} = \frac{T_F - 32}{9} = \frac{T_K - 273}{5}$$

Dilatação térmica

Geralmente quando um sistema físico sofre um aumento de temperatura, suas dimensões também sofrem aumento. Esse é o fenômeno da dilatação térmica. Para os sólidos podemos considerar três casos.

Diltação linear

Quando o comprimento de um sólido predomina sobre as demais dimensões, estudamos somente a dilatação linear.

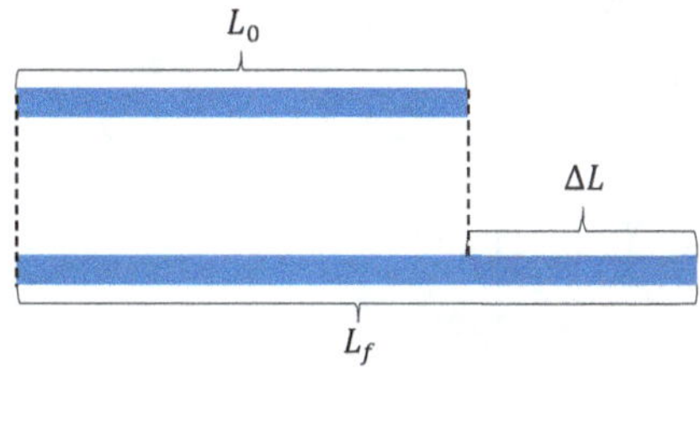

$$L_f = L_0 + \Delta L$$

$$\Delta L = L_0 \alpha \Delta T$$

Em que:

→ L_0: Comprimento inicial;

→ L_f: Comprimento final;

→ ΔL: Variação de comprimento;

→ $\Delta T = T_f - T_0$: Variação de temperatura.

→ α: Coeficiente de dilatação linear ($°C^{-1}$)

Dilatação superficial

Quando a área de um sólido predomina sobre comprimento, estudamos somente a dilatação superficial.

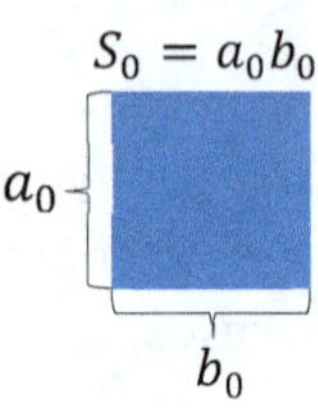

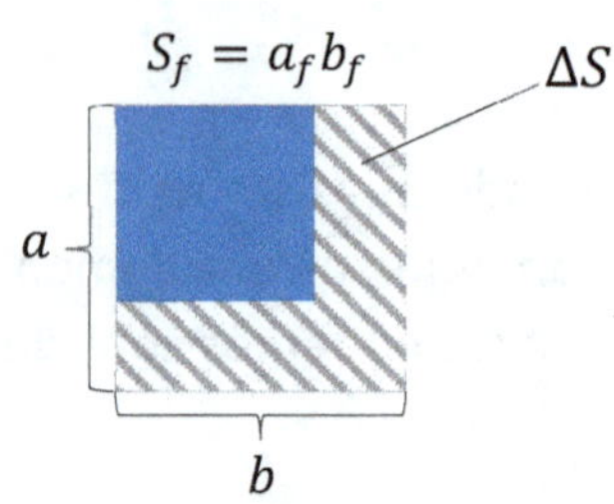

$$S_f = S_0 + \Delta S$$

$$\Delta S = S_0 \beta \Delta T$$

Em que:

→ S_0: Área inicial da superfície;

→ S_f: Área final da superfície;

→ ΔS: Variação de área da superfície;

→ $\Delta T = T_f - T_0$: Variação de temperatura.

→ β: Coeficiente de dilatação superficial (°C^{-1})

❖ Relação entre os coeficientes de dilatação linear e superficial:

$$\alpha = \frac{\beta}{2}$$

Dilatação volumétrica

Considerando agora a dilatação do sólido em suas três dimensões, dilatação volumétrica.

$$V_f = V_0 + \Delta V$$

$$\Delta V = V_0 \gamma \Delta T$$

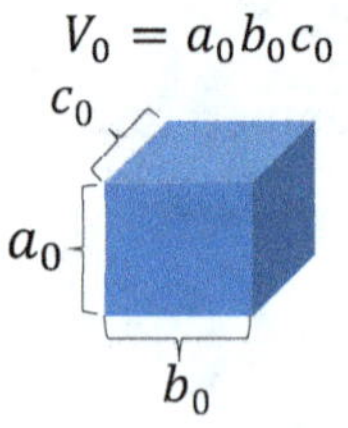

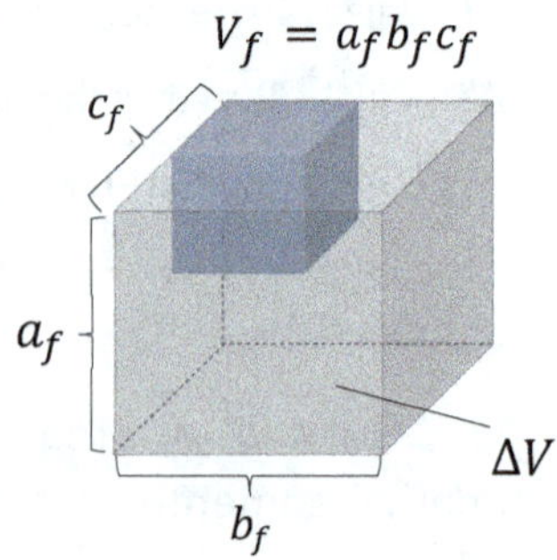

Em que:

→ V_0: Volume inicial;

→ V_f: Volume final;

→ ΔV: Variação de volume;

→ $\Delta T = T_f - T_0$: Variação de temperatura.

→ γ: Coeficiente de dilatação volumétrica ($°C^{-1}$)

❖ Relação entre os coeficientes de dilatação linear, superficial e volumétrica:

$$\alpha = \frac{\beta}{2} = \frac{\gamma}{3}$$

Dilatação dos líquidos

Para o estudo da dilatação dos líquidos consideramos apenas a dilatação volumétrica. Para o estudo da dilatação dos líquidos, utilizam-se recipientes sólidos. No aquecimento do sistema, se faz necessário considerar também a dilatação do recipiente que contém o líquido.

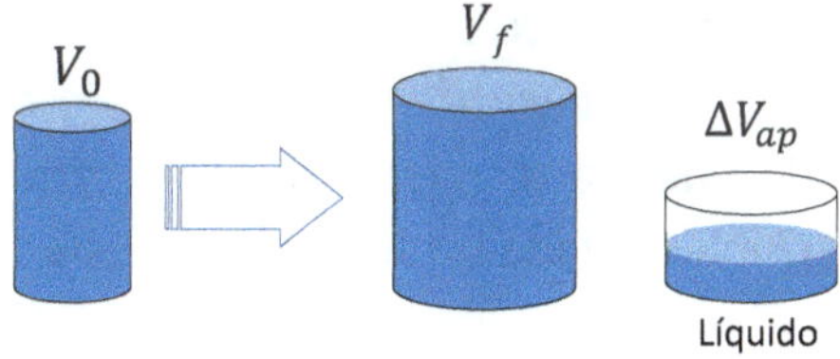

$$\Delta V_{real} = \Delta V_{rec} + \Delta V_{ap}$$

Em que:

→ ΔV_{real}: Variação de volume real do líquido;

→ ΔV_{rec}: Variação de volume do recipiente;

→ ΔV_{ap}: Variação de volume aparente do líquido (líquido transbordado).

Para as variações de volumes:

$$\Delta V_{real} = V_0 \gamma_{real} \Delta T$$

$$\Delta V_{rec} = V_0 \gamma_{rec} \Delta T$$

$$\Delta V_{ap} = V_0 \gamma_{ap} \Delta T$$

Em que: $\gamma_{real} = \gamma_{rec} + \gamma_{ap}$

Dilatação volumétrica anômalo da água

Quando a água sofre uma variação de temperatura de $0°C$ para $4°C$, seu volume diminui em vez de aumentar. Somente a partir de $4°C$, seu volume aumenta com o aumento da temperatura.

Calorimetria

A calorimetria estuda a transição de energia térmica (calor) motivada por uma diferença de temperatura.

Calor sensível

Estuda a transição de energia térmica sem mudança de fase. A transição de energia térmica entre os corpos ocorre quando há diferença de temperatura, do corpo de temperatura mais elevada para o corpo de temperatura menos elevada. A quantidade de energia térmica que um corpo absorve ou cede é representada pela letra Q e a unidade no sistema usual de unidades é a caloria (cal).

Capacidade térmica

Caracteriza a quantidade de energia térmica que um corpo recebe ou cede para sofrer variação de uma unidade de temperatura. No sistema usual, a variação de temperatura é dada em Celsius.

$$C = \frac{Q}{\Delta T} \; (cal \cdot °C^{-1})$$

Calor específico

Caracteriza a quantidade de energia térmica que uma unidade de massa de um corpo recebe ou cede para sofrer variação de uma unidade de temperatura. No sistema usual de unidades a massa é dada em grama.

$$c = \frac{Q}{m \cdot \Delta T} = \frac{C}{m} \ (cal \cdot g^{-1} \cdot {}^{\circ}\mathrm{C}^{-1})$$

Princípio geral das trocas de energias térmicas

Para dois ou mais corpos isolados termicamente do meio externo, ocorre transição de energia térmica (calor trocado) do corpo de maior temperatura para os demais até que os mesmos atinjam a mesma temperatura (equilíbrio térmico). A soma das energias térmicas trocadas (calor trocado) é igual à zero.

$$Q_{rec} + Q_{ced} = 0$$

Calor latente

Estuda a transição de energia térmica que um corpo recebe ou cede para que ocorra mudança de fase. Durante a transição de fase, a temperatura permanece constante.

Calor latente de mudança de fase (L)

Quantidade de energia térmica que um corpo recebe ou cede para que $1\ g$ de massa do corpo sofra alteração na sua fase.

$$L = \frac{Q}{m} \ (cal \cdot g^{-1})$$

Mudança de fase

→ Fusão: Transição da fase sólida para a fase líquida;
→ Solidificação: Transição da fase líquida para a fase sólida;
→ Vaporização: Transição da fase líquida para a fase gasosa;
→ Condensação ou liquefação: Transição da fase gasosa para a fase líquida;
→ Sublimação: Transição direta da fase sólida para a fase gasosa, ou da fase gasosa para a fase líquida.

Curvas de aquecimento

As curvas de aquecimento ou resfriamento fornecem a variação de temperatura de um corpo em função da quantidade de energia térmica recebida ou cedida.

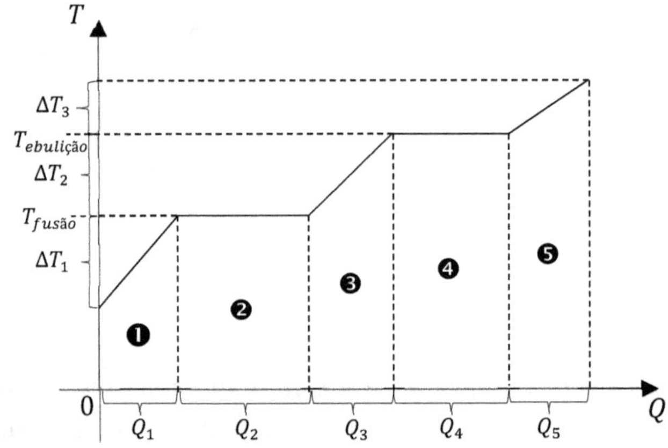

Em que:

❶ Sólido e Q_1 é o calor sensível;
❷ Sólido + líquido e Q_2 é o calor latente (fusão);
❸ Líquido e Q_3 é o calor sensível;
❹ Líquido + vapor e Q_4 é o calor latente (ebulição);
❺ Gás e Q_5 é o calor sensível.

Para a mesma substância:

$$L_{fusão} = -L_{solidificação}$$

E

$$L_{vaporização} = -L_{condensação}$$

Nas mesmas condições de pressão, para uma mesma substância, a temperatura de fusão é igual a temperatura de solidificação. O mesmo ocorre para as temperaturas de ebulição e condensação.

Diagramas de fase

A fase de uma substância depende das condições de pressão e temperatura que ela se encontra. A substância pode se encontrar em uma situação que corresponda ao equilíbrio entre duas fases ou até mesmo entre as três fases.

Diagrama pressão (p) x temperatura (T)
Substância que diminui de volume ao se fundir

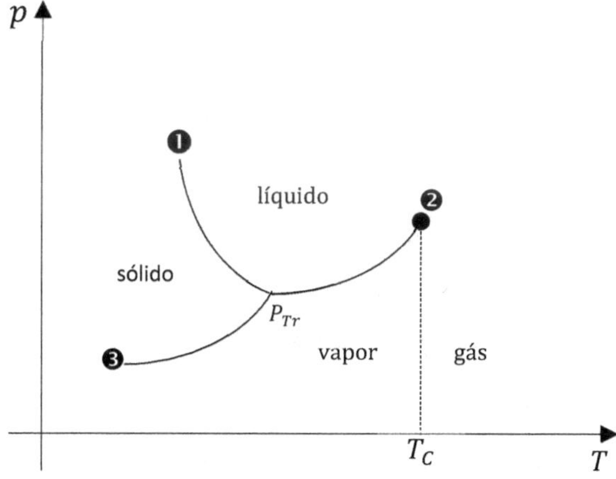

Em que:

❶ Curva de fusão;
❷ Curva de vaporização;
❸ Curva de sublimação;

P_{Tr}: Ponto tríplice ou ponto triplo (coexistência das três fases em equilíbrio);

T_C: Temperatura crítica.

P_C: Ponto crítico, a partir desse estado não ocorre mais liquefação por compressão isotérmica.

Diagrama pressão (p) x temperatura (T)
Substância que aumenta de volume ao se fundir

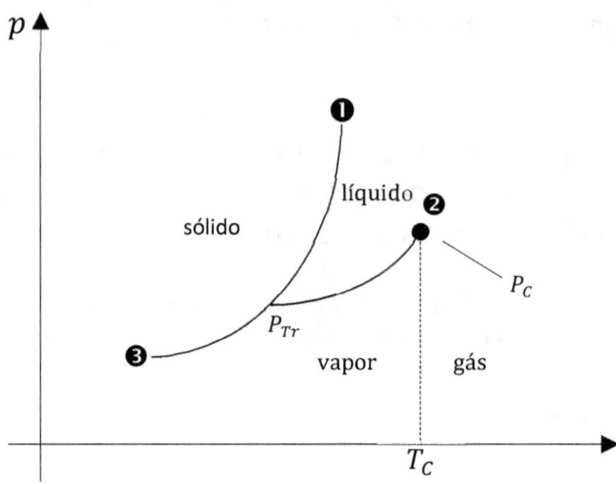

Em que:

❶ Curva de fusão;
❷ Curva de vaporização;
❸ Curva de sublimação;

P_{Tr}: Ponto tríplice ou ponto triplo (coexistência das três fases em equilíbrio);

T_C: Temperatura crítica.

P_C: Ponto crítico, a partir desse estado não ocorre mais liquefação por compressão isotérmica.

Propagação de calor

A energia térmica (calor) se propaga espontaneamente de um sistema físico com maior temperatura para outro sistema físico com menor temperatura. Existem três processos de propagação do calor: Condução, convecção e irradiação.

→ Condução: Nesse processo, a energia térmica é transferida de partícula para partícula sem que as mesmas sejam deslocadas. Na condução, define-se o fluxo de calor como sendo a razão entre o calor que atravessa uma superfície e o intervalo de tempo gasto no procedimento:

$$\Phi = \frac{Q}{\Delta t}$$

No SI: $\Phi = 1\, W\ (Watt)$. Em regime estacionário, o fluxo de calor por condução em um material homogêneo é diretamente proporcional à área da seção transversal que é atravessada e à diferença de temperatura entre os extremos, e inversamente proporcional à espessura da camada considerada. Conhecida como Lei de Fourier:

$$\Phi = \frac{Q}{\Delta t} = \frac{kA(T_2 - T_1)}{e}$$

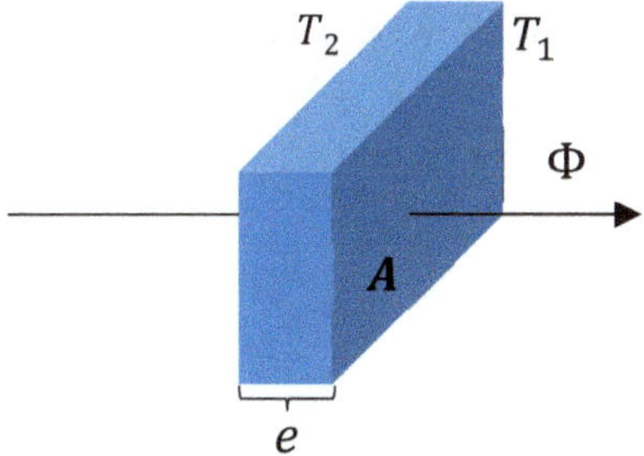

Em que:

- T_1 e T_2: Temperaturas dos dois extremos (faces);
- k: Coeficiente de condutibilidade térmica do material;
- A: Área da superfície atravessada;
- e: Espessura da camada considerada.

→ Convecção: Consiste no transporte de energia térmica de uma região para outra, através do transporte de matéria. Ocorre por exemplo, nos líquidos e nos gases.

→ Irradiação: Consiste no transporte de energia térmica através do espaço por meio de ondas eletromagnéticas.

Estudo dos gases

➲ Para o estudo das transformações gasosas utilizamos o conceito de gás ideal ou gás perfeito. Hipoteticamente, gás ideal possui moléculas que não apresentam volume próprio, assim sendo o volume ocupado por um gás ideal corresponde ao volume do espaço vazio entre as moléculas, ou seja, corresponde ao volume do recipiente que contém o gás. Outra característica do gás ideal é a ausência de forças coesivas entre suas moléculas. Assim sendo, não ocorre mudança de fase, ou seja, o gás se encontra sempre na fase gasosa.

➲ O estado de um gás é caracterizado pelos valores das grandezas: volume (V); pressão (p) e temperatura (T).

Transformação isotérmica: Temperatura constante.

Lei de Boyle-Mariotte: a pressão e o volume são inversamente proporcionais.

$$p_1V_1 = p_2V_2$$

A curva no plano p x V será uma hipérbole equilátera, chamada de isoterma. Quanto maior for a temperatura mais afastada dos eixos estará a isoterma.

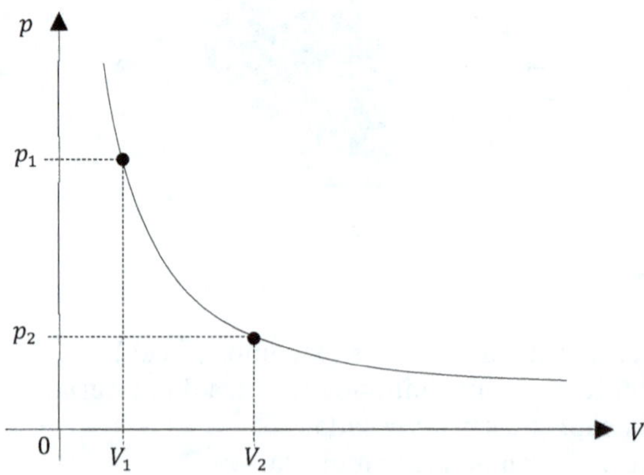

Transformação isobárica: Pressão constante.

Lei de Charles-Gay Lussac: O volume ocupado por um gás e a sua temperatura são diretamente proporcionais.

$$\frac{V_1}{T_1} = \frac{V_2}{T_2}$$

A curva no plano V x T será uma reta cujo prolongamento passa pela origem (temperatura em Kelvin).

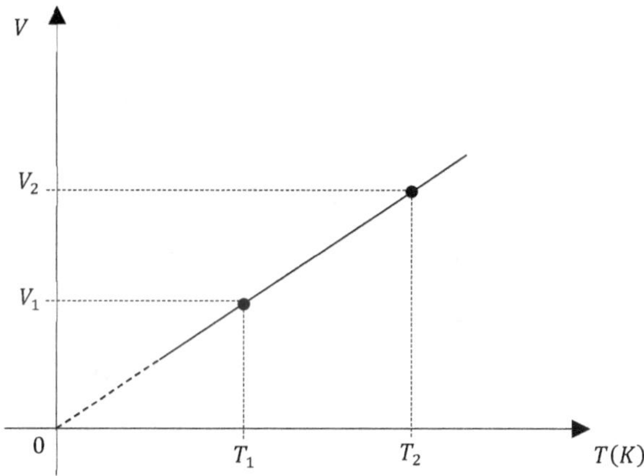

Transformação isocórica: Volume constante.

Lei de Gay-Lussac: A pressão de um gás e sua temperatura são diretamente proporcionais.

$$\frac{p_1}{T_1} = \frac{p_2}{T_2}$$

A curva no plano p x T será uma reta cujo prolongamento passa pela origem (temperatura em Kelvin).

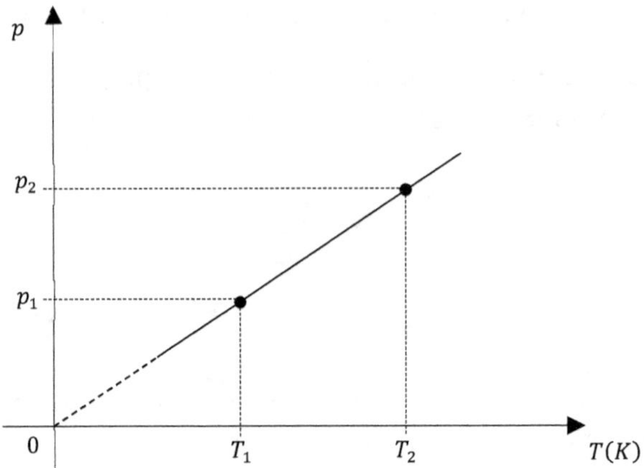

Transformação adiabática: Não ocorre troca de calor.

Lei de Poisson: A pressão de um gás e seu volume obedecem a relação dada abaixo.

$$p_1V_1^{\gamma} = p_2V_2^{\gamma}$$

Em que γ é o expoente de Poisson, dado por: $\gamma = \frac{c_p}{c_V}$. Aqui, c_p é o calor específico do gás a pressão constante. E c_V é o calor específico do gás a volume constante. No plano p x V, a curva da lei de Poisson se encontra entre duas isotermas.

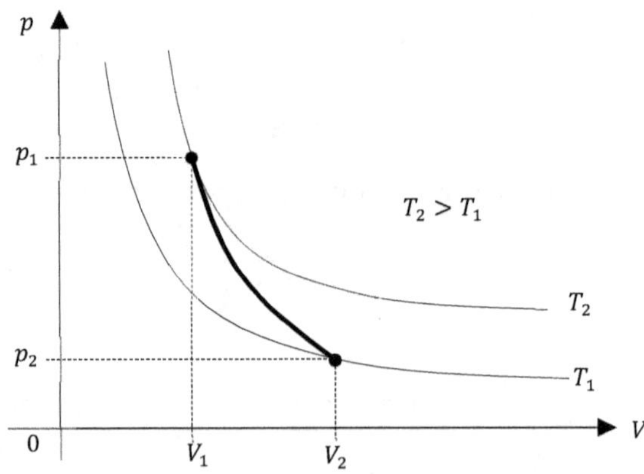

Equação de Clapeyron e a Lei Geral das transformações gasosas.

A equação de Clapeyron estabelece a relação entre as variáveis de estado p, V e T:

$$pV = nRT$$

Em que:

- n: nº de mols;
- R: Constante universal dos gases ideais.

O número de mols é definido como sendo a razão entre a massa do gás (m) e a massa molar (M):

$$n = \frac{m}{M}$$

A constante universal dos gases ideias no sistema usual:

$$R = 0{,}082\ atm \cdot l \cdot (mol \cdot K)^{-1}$$

E no SI:

$$R = 8{,}31\ J \cdot (mol \cdot K)^{-1}$$

A lei geral das transformações gasosas relaciona as variáveis p, V e T no estado inicial e no estado final.

$$\frac{p_i V_i}{T_i} = \frac{p_f V_f}{T_f}$$

Condições normais de pressão e temperatura:

$$T = 0°\text{C} = 273\ K$$

$$p = 1\ atm \cong 10^5\ N \cdot m^{-1}$$

Pressão, temperatura absoluta e energia cinética de um gás.

→ Pressão

Para um gás de massa m e que ocupa um volume V, e sendo v a velocidade média de suas moléculas, vale a seguinte relação:

$$p = \frac{1}{3} \cdot \frac{m}{V} \cdot v^2$$

→ Energia cinética do gás

Somando-se as energias cinéticas das moléculas de um gás, a relação resultante será:

$$E_c = \frac{3}{2} nRT$$

Termodinâmica

A termodinâmica estuda as relações entre o calor trocado e o trabalho realizado.

Trabalho sob pressão constante.

Para uma transformação isobárica, o trabalho é dado pelo produto da pressão pela variação de volume sofrida pelo gás.

$$\mathcal{T} = p \cdot (V_f - V_i)$$

p, V_1, T_1

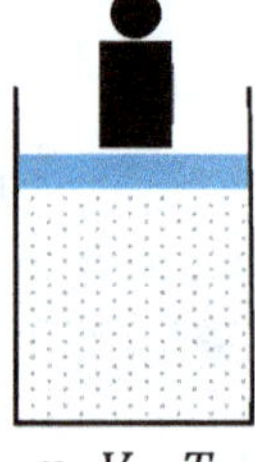
p, V_2, T_2

→ Expansão isobárica ($\Delta V > 0$):
O sistema realiza trabalho, $\mathcal{T} > 0$.

→ Contração isobárica ($\Delta V < 0$):
O sistema recebe trabalho, $\mathcal{T} < 0$.

→ Transformação isocórica ($\Delta V = 0$):
Trabalho realizado é nulo, $\mathcal{T} = 0$.

→ Gráfico $p \; x \; V$

No gráfico do plano $p \; x \; V$, o trabalho é medida pela área da figura delimitada pelos dois volumes e pela curva.

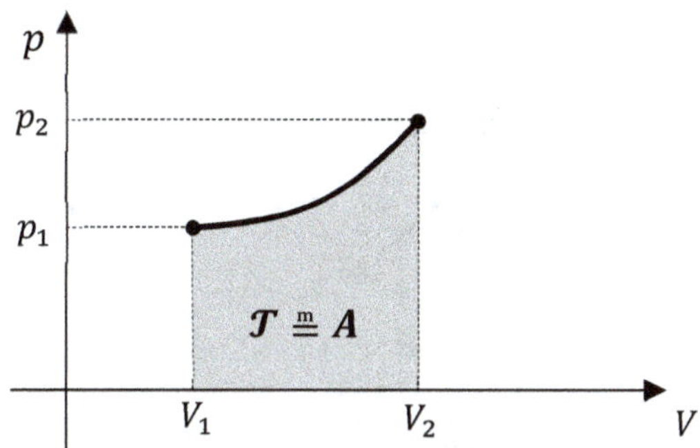

Gráfico de uma transformação não isobárica

Transformação isotérmica

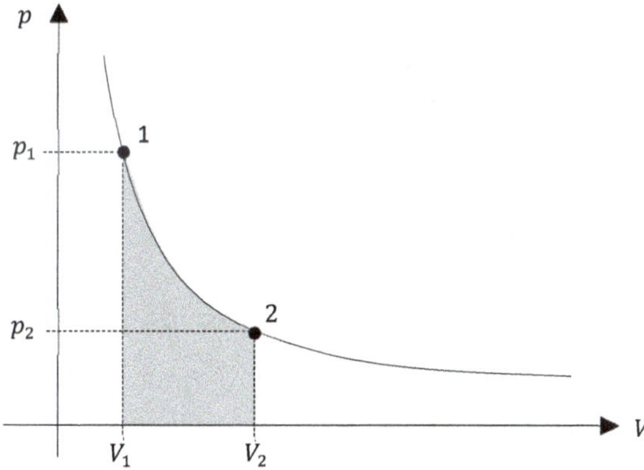

Para uma transformação isotérmica, do estado 1 para o estado 2, o cálculo da área fornece a seguinte expressão para o trabalho:

$$\mathcal{T}_{1\to 2} = nRT \cdot \ln\left(\frac{V_2}{V_1}\right)$$

Em que $\ln x = \log_e x$ e $e \cong 2{,}7183$ (logaritmo neperiano).

Transformação adiabática

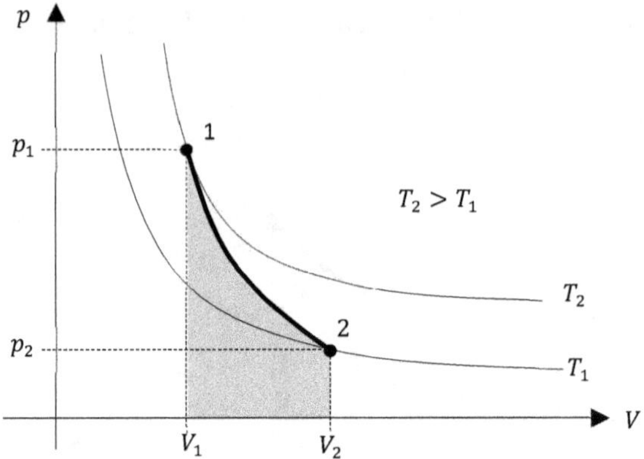

Para uma transformação adiabática, do estado 1 para o estado 2, o cálculo da área fornece a seguinte expressão para o trabalho:

$$\mathcal{T} = \frac{p_1V_1 - p_2V_2}{\gamma - 1} = \frac{nR\Delta T}{\gamma - 1}$$

Transformação cíclica

Conjunto de transformações que uma massa de gás sofre e retorna ao estado inicial.

❖ Transformação no sentido horário: $\mathcal{T} > 0$.

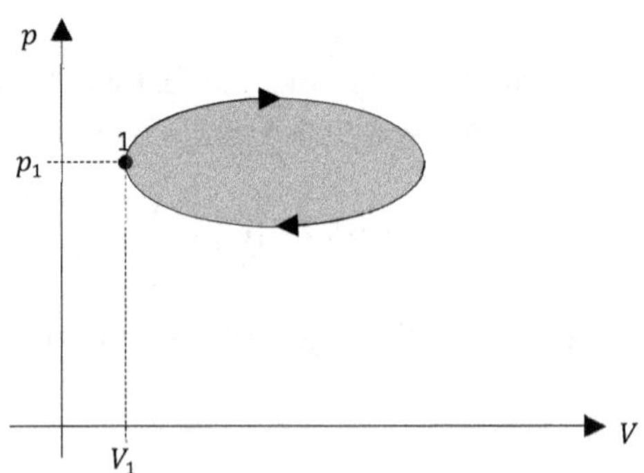

❖ Transformação no sentido anti-horário: $\mathcal{T} < 0$

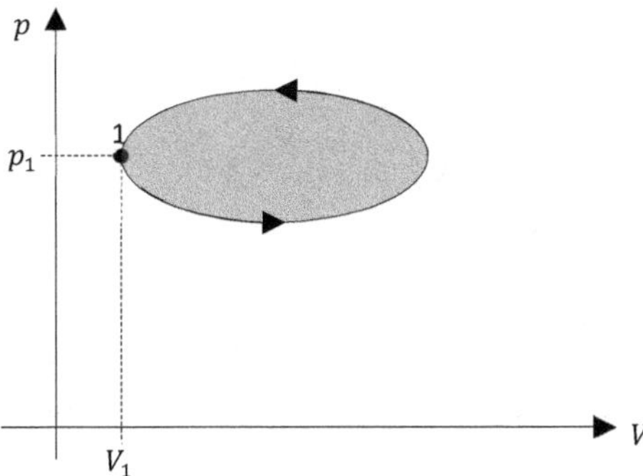

Energia interna

A equipartição de energia estabelece que a energia disponível dependa apenas da temperatura e se distribui em quantidades iguais para cada modo independente em que a molécula de um gás pode absorver a energia. Cada modo independente de absorção da energia é chamado grau de liberdade. Para uma dada temperatura T, a energia disponível para cada grau é de $\frac{RT}{2}$. Para um gás monoatômico percebe-se que suas moléculas possuem apenas movimento de translação nos três eixos coordenados, a saber: x, y e z. Logo, sua a energia interna será:

$$U = 3 \cdot n \cdot \frac{RT}{2}$$

Para os gases diatômicos, acrescenta-se aos movimentos de translação, dois movimentos de rotação ao redor de um eixo perpendicular à ligação de seus átomos. Assim, sua energia interna será:

$$U = 3 \cdot n \cdot \frac{RT}{2} + 2 \cdot n \cdot \frac{RT}{2} = 5 \cdot n \cdot \frac{RT}{2}$$

Variação da energia interna

Para gases monoatômicos:

$$\Delta U = \frac{3nR}{2} \cdot \Delta T$$

Para gases diatômicos:

$$\Delta U = \frac{5nR}{2} \cdot \Delta T$$

→ Aumento de temperatura, $\Delta T > 0 \Rightarrow$ Aumento de energia interna, $\Delta U > 0$.

→ Diminuição de temperatura, $\Delta T < 0 \Rightarrow$ Diminuição de energia interna, $\Delta U < 0$.

→ Temperatura constante, $\Delta T = 0 \Rightarrow$ Transformação cíclica, $\Delta U = 0$.

Primeira Lei da Termodinâmica

A diferença entre o calor trocado com o meio exterior e o trabalho realizado no processo termodinâmico é igual a variação da energia interna.

$$\Delta U = Q - \mathcal{T}$$

Em que Q é o calor trocado.

→ $Q > 0 \Rightarrow$ O gás recebe calor;
→ $Q < 0 \Rightarrow$ O gás cede calor;
→ $Q = 0 \Rightarrow$ O gás não troca calor com o meio exterior (Transformação adiabática).

Segunda Lei da Termodinâmica

O calor passa espontaneamente de um corpo de maior temperatura para outro de menor temperatura.

Máquina térmica e a conversão de calor em trabalho

As máquinas térmicas são dispositivos que, operando em ciclos, converte calor em trabalho.

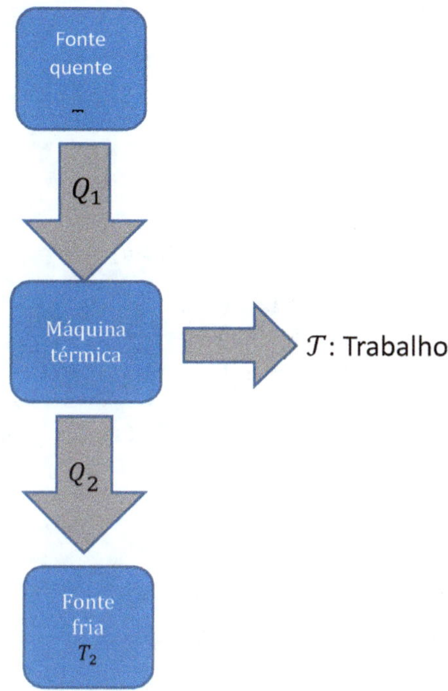

Em que:

→ Q_1: Calor retirado da fonte quente;
→ Q_2: Calor cedido à fonte fria;
→ $\mathcal{T}$: Trabalho útil.

Assim, o balanço energético será dado por:

$$\mathcal{T} = Q_2 - Q_1$$

O rendimento da máquina será dado por:

$$\eta = \frac{\mathcal{T}}{Q_1} = 1 - \frac{Q_2}{Q_1}$$

Ciclo e Carnot

O ciclo de Carnot opera entre duas transformações isotérmicas e duas transformações adiabáticas. No gráfico abaixo visualizamos melhor esse ciclo.

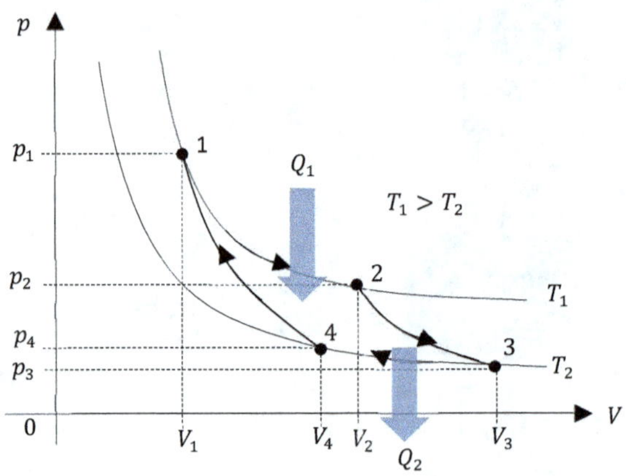

- → Transformação 1 → 2 – isotérmica.
- → Transformação 2 → 3 – adiabática.
- → Transformação 3 → 4 – isotérmica.
- → Transformação 4 → 1 – adiabática.

O rendimento no ciclo de Carnot é o máximo obtido, porém não é 100%. Para o ciclo de Carnot, o rendimento só depende das temperaturas das fontes quentes e fria, segundo a relação:

$$\eta = 1 - \frac{T_2}{T_1}; \ \frac{Q_2}{Q_1} = \frac{T_2}{T_1}$$

Em que T_1 é a temperatura da fonte quente e T_2 é a temperatura da fonte fria.

Exercícios

1. (EsPCEx-2013) Um termômetro digital, localizado em uma praça da Inglaterra, marca a temperatura de 10,4°F. Essa temperatura, na escala Celsius, corresponde a

[A] – 5 °C
[B] –10 °C
[C] – 12 °C
[D] – 27 °C
[E] – 39 °C

2. (AFA) Um termômetro mal graduado assinala, nos pontos fixos usuais, respectivamente -1°C e 101°C. A temperatura na qual o termômetro não precisa de correção é

[A] 49
[B] 50
[C] 51
[D] 52

3. (EsPCEx-2021) Um estudante construiu um termômetro graduado em uma escala X de modo que, ao nível do mar, ele marca, para o ponto de fusão da água, 200° X e, para o ponto de ebulição da água, 400° X. Podemos afirmar que o zero absoluto, em °X, corresponde ao valor aproximado de:

[A] 173
[B] 0
[C] – 346
[D] – 473
[E] – 546

4. (AFA) Ao se colocar água muito quente num copo de vidro comum geralmente ele trinca, enquanto que um copo de vidro pirex dificilmente trinca. Isso ocorre devido ao fato de que:

[A] O calor específico do vidro pirex é maior que o do vidro comum.
[B] Para aquecimentos iguais o vidro comum sofre maior variação de temperatura.
[C] O coeficiente de dilatação do vidro comum é maior que o do vidro pirex.
[D] São ambos materiais anisotrópicos.

5. (Funrei – MG) A figura mostra uma ponte apoiada sobre dois pilares feitos de materiais diferentes.

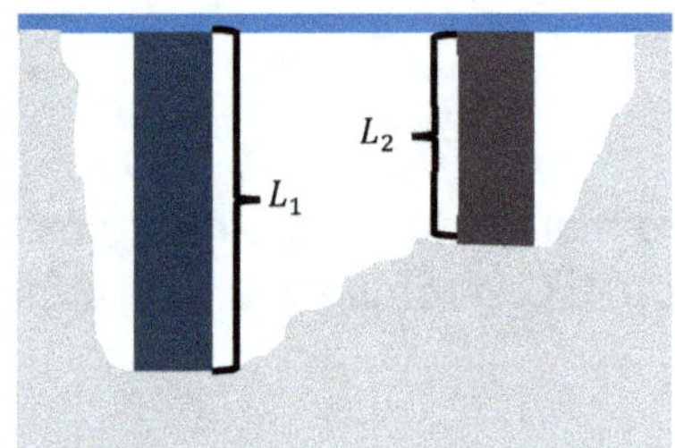

Como se vê, o pilar mais longo de comprimento $L_1 = 40\ m$, possui coeficiente de dilatação linear $\alpha_1 = 18 \cdot 10^{-6}°C^{-1}$. O pilar mais curto tem comprimento $L_2 = 30\ m$. Para que a ponte permaneça sempre na horizontal, o material do segundo pilar deve ter um coeficiente de dilatação linear α_2 igual a:

[A] $42 \cdot 10^{-6}°C^{-1}$
[B] $24 \cdot 10^{-6}°C^{-1}$
[C] $13{,}5 \cdot 10^{-6}°C^{-1}$
[D] $21 \cdot 10^{-6}°C^{-1}$
[E] $36 \cdot 10^{-6}°C^{-1}$

6. (MACK – SP) Três barras metálicas A, B e C têm, a $0°C$, seus comprimentos na proporção $L_{0_A} = \frac{4L_{0_B}}{5} = \frac{2L_{0_C}}{3}$. Para que est proporção se mantenha constante em qualquer temperatura (enquanto não houver mudança de estado de agregação molecular), os coeficientes de dilatação linear dos materiais das respectivas barras deverão estar na proporção:

[A] $\alpha_A = \frac{4}{5\alpha_B} = \frac{2}{3\alpha_C}$

[B] $\alpha_A = \frac{5}{4\alpha_B} = \frac{3}{2\alpha_C}$
[C] $\alpha_A = \frac{5\alpha_B}{4} = \frac{3\alpha_C}{2}$
[D] $\alpha_A = \frac{4\alpha_B}{5} = \frac{2\alpha_C}{3}$
[E] $\alpha_A = \alpha_B = \alpha_C$

7. Em uma roda de madeira de diâmetro $100\ cm$, é necessário adaptar um anel de ferro, cujo diâmetro é $5\ mm$ menor que o diâmetro da roda. Em quantos graus é necessário elevar a temperatura do anel?
Dados: $\alpha_{Fe} = 12 \cdot 10^{-6} °C^{-1}$

8. (EsPCEx-2008) Quatro metais diferentes X, Y, Z e W possuem, respectivamente, os coeficientes de dilatação superficial $\beta_x, \beta_y, \beta_z$ e β_w, os quais são constantes para a situação a ser considerada a seguir. As relações entre os coeficientes de dilatação são: $\beta_x > \beta_y, \beta_z > \beta_w$ e $\beta_y = \beta_w$. A figura abaixo mostra uma peça onde um anel envolve um pino de forma concêntrica, e o anel e o pino são feitos de metais diferentes.

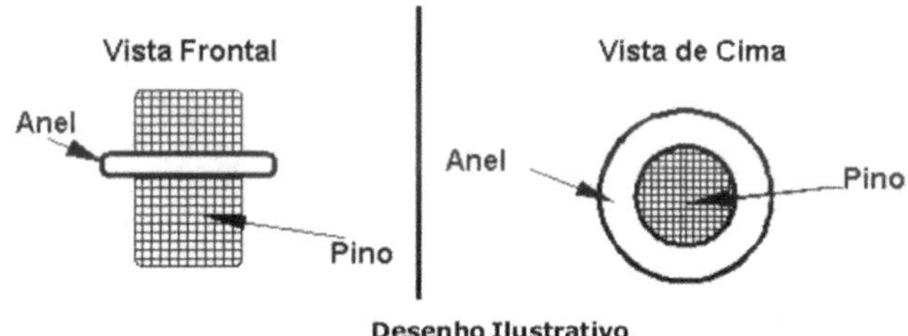

Desenho Ilustrativo

À temperatura ambiente, o pino está preso ao anel. Se as duas peças forem aquecidas uniforme e simultaneamente, é correto afirmar que o pino se soltará do anel se

[A] Y for o metal do anel e X for o metal do pino.
[B] Y for o metal do anel e Z for o metal do pino.
[C] W for o metal do anel e Z for o metal do pino.
[D] X for o metal do anel e W for o metal do pino.
[E] Z for o metal do anel e X for o metal do pino.

9. (AFA-2001) Uma chapa metálica feita de um material cujo coeficiente de dilatação superficial vale $\beta = 2 \times 10^{-5}\ ^0C^{-1}$ apresenta um orifício circular de área igual a 1000 cm^2. Quando a chapa é aquecida e sua temperatura varia 50 ^0C, a área do orifício, em cm^2, passa a ser:

[A] 999
[B] 1000
[C] 1001
[D] 1010

10. (EsPCEx-2022) Dois recipientes de mesma forma e tamanho são feitos do mesmo material e tem o coeficiente de dilatação volumétrico igual a γ_R. Um deles está completamente cheio de um liquido A com coeficiente de dilatação real igual a γ_A, e o outro está completamente cheio de um liquido B com coeficiente de dilatação real igual a γ_B. Em um determinado instante, os dois recipientes são aquecidos e sofrem a mesma variação de temperatura. Devido ao aquecimento, um decimo do volume inicial do liquido A transborda e um oitavo do volume inicial do liquido B também transborda. Com relação a situação exposta, podemos afirmar que é verdadeira a seguinte relação:

[A] $\gamma_A=2\cdot\gamma_R+4\cdot\gamma_B$
[B] $\gamma_A=5\cdot\gamma_R+4\cdot\gamma_B$
[C] $\gamma_A=2\cdot\gamma_R-8\cdot\gamma_B$
[D] $\gamma_R=5\cdot\gamma_A-4\cdot\gamma_B$
[E] $\gamma_R=2\cdot\gamma_A+8\cdot\gamma_B$

11. (AFA-2000) A variação aproximada do volume, em cm^3, de uma esfera de alumínio de raio 10 cm, quando aquecida de 20°F a 110°F, é (dado: coeficiente de dilatação linear do alumínio $\alpha = 23 \cdot 10^{-6} °C^{-1}$)

[A] 1,45
[B] 14,50
[C] 18,50
[D] 29,00

12. (AFA-2006) Um líquido é colocado em um recipiente ocupando 75% de seu volume. Ao aquecer o conjunto (líquido + recipiente) verifica-se que o volume da parte vazia não se altera. A razão entre os coeficientes de dilatação volumétrica do material do recipiente e do líquido vale:

[A] 1

[B] $\frac{4}{3}$

[C] $\frac{1}{4}$

[D] $\frac{3}{4}$

13. (EsPCEx-2010) Para elevar a temperatura de $200\ g$ de uma certa substância, de calor específico igual a $0{,}6\ cal \cdot (g \cdot °\text{C})^{-1}$, de $20°\text{C}$ para $50°\text{C}$, será necessário fornecer-lhe uma quantidade de energia igual a

[A] $120\ cal$
[B] $600\ cal$
[C] $900\ cal$
[D] $1800\ cal$
[E] $3600\ cal$

14. (EsPCEx-2014) Em uma casa moram quatro pessoas que utilizam um sistema de placas coletoras de um aquecedor solar para aquecimento da água. O sistema eleva a temperatura da água de $20°\text{C}$ para $60°\text{C}$ todos os dias. Considere que cada pessoa da casa consome 80 litros de água quente do aquecedor por dia. A situação geográfica em que a casa se encontra faz com que a placar do aquecedor receba por cada metro quadrado a quantidade de $2{,}016 \cdot 10^9\ J$ de calor do sol em um mês. Sabendo que a eficiência do sistema é de 50%, a área da superfície das placas coletoras para atender a demanda diária de água quente da casa é de

Dados: Considere 1 mês igual a 30 dias.
Calor específico da água: $c = 4{,}2\ J \cdot (g \cdot °\text{C})^{-1}$

Densidade da água: $\rho = 1kg \cdot l^{-1}$

[A] $2{,}0\ m^2$
[B] $4{,}0\ m^2$
[C] $6{,}0\ m^2$
[D] $14{,}0\ m^2$
[E] $16{,}0\ m^2$

15. (AFA-1998) Um certo calorímetro contém 80 gramas de água à temperatura de $15°\text{C}$. Adicionando-se à água do calorímetro 40 gramas de água a $50°\text{C}$ observa-se que a temperatura do sistema ao ser atingido o equilíbrio térmico, é de $25°\text{C}$. Pode-se afirmar que a capacidade térmica do calorímetro em $cal \cdot °\text{C}^{-1}$, é igual a:

(*calor específico da água é* $1\ cal \cdot (g \cdot °\text{C})^{-1}$)

[A] 5
[B] 10
[C] 15
[D] 20

16. (AFA) Um cubo de gelo com massa $100\ g$ e temperatura $-10°\text{C}$ é colocado em um recipiente contendo $200\ ml$ de um líquido a $100°\text{C}$. Supondo-se que não há perda de calor para o meio ambiente, qual o valor final aproximado da temperatura, em °C, do sistema?

(*Considerar calor específico em* $cal \cdot (g \cdot °\text{C})^{-1}$*do gelo* = 0,5, *da água* = 1 *e do líquido* = 2, *calor latente de fusão do gelo* = $80\ cal \cdot g^{-1}$ *e densidade do líquido* = $15\ g \cdot cm^{-3}$)

[A] 43
[B] 53
[C] 3
[D] 73

17. (MACK – SP) A quantidade de calor que um bloco de gelo, inicialmente a $-40°\text{C}$, recebe para chegar a ser vapor a $120°\text{C}$ é dada pelo gráfico abaixo. A massa desse gelo é:

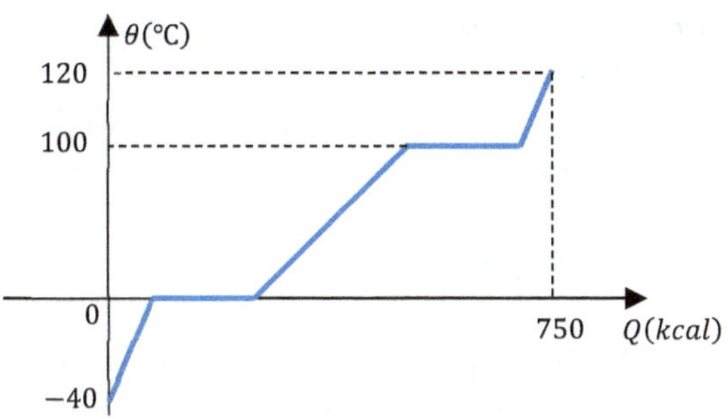

Dados:

$L_{gelo} = 80\ cal \cdot g^{-1}$; $L_{v_{água}} = 540\ cal \cdot g^{-1}$
$c_{gelo} = c_{vapor} = 0{,}50\ cal \cdot (g \cdot °C)^{-1}$;
$c_{água\ líq} = 1{,}0\ cal \cdot (g \cdot °C)^{-1}$

[A] 1,0 g
[B] 10 g
[C] $1{,}0 \cdot 10^2\ g$
[D] 1,0 kg
[E] 10 kg

18. (AFA-2008) O diagrama de fases apresentado a seguir pertence a uma substância hipotética. Com relação a essa substância, pode-se afirmar que,

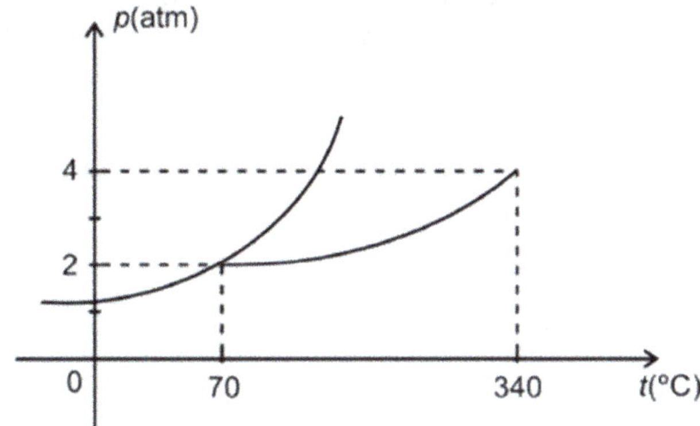

[A] nas condições normais de temperatura e pressão, a referida substância se encontra no estado sólido.
[B] se certa massa de vapor da substância à temperatura de 300 °C for comprimida lentamente, não poderá sofrer condensação pois está abaixo da temperatura crítica.
[C] para a temperatura de 0 °C e pressão de 0,5 atm, a substância se encontra no estado de vapor.
[D] se aumentarmos gradativamente a temperatura da substância, quando ela se encontra a 70 °C e sob pressão de 3 atm, ocorrerá sublimação da mesma.

19. (AFA-2006) Uma das aplicações do fenômeno da condução térmica é o uso de telas metálicas. Sabe-se que, colocando um recipiente de vidro comum diretamente numa chama, ele se rompe. No entanto, interpondo uma tela metálica entre a chama e o recipiente, a ruptura não acontece porque:

[A] a tela, por ser boa condutora, transmite rapidamente o calor para todos os pontos de sua própria extensão;
[B] os gases não queimam na região logo acima da tela, pois ali a temperatura não alcança valores suficientemente elevados;
[C] há uma diferença entre os coeficientes de dilatação linear da tela e do recipiente;
[D] como são dois corpos, o aumento da temperatura não é suficiente para que seja verificada uma dilatação aparente.

20. (AFA-2001) Deseja-se resfriar um barril de vinho, dispondo-se de uma única pedra de gelo. O resfriamento se dará com **MAIOR** eficiência na alternativa:

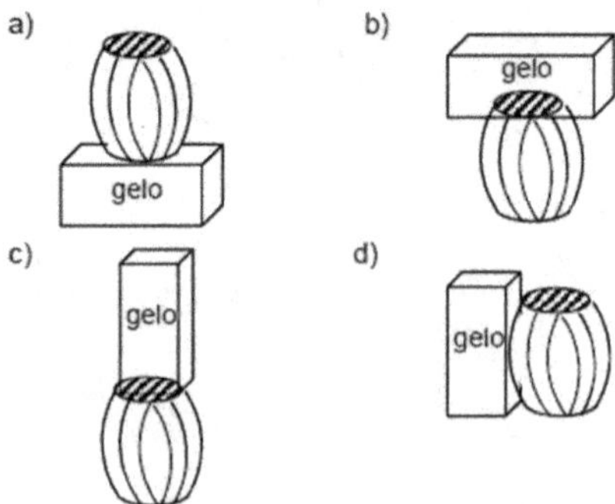

21. (AFA) Certa massa de um gás ideal sofre uma transformação na qual a pressão duplica e o volume cai a um terço do valor inicial. A temperatura absoluta final, em relação à inicial, é

[A] a mesma.
[B] 2/3
[C] 3/2
[D] 5

22. (EsPCEx-2021) Um gás ideal sofre uma compressão isobárica sob a pressão de $4 \cdot 10^3$ N/m^2 e o seu volume diminui 0,2 m^3. Durante o processo, o gás perde $1{,}8 \cdot 10^3$ J de calor. A variação da energia interna do gás foi de:

[A] $1{,}8 \cdot 10^3$ J
[B] $1{,}0 \cdot 10^3$ J
[C] $-8{,}0 \cdot 10^2$ J
[D] $-1{,}0 \cdot 10^3$ J
[E] $-1{,}8 \cdot 10^3$ J

23. (EsPCEx-2015) Em uma fábrica, uma máquina térmica realiza, com um gás ideal, o ciclo FGHIF no sentido horário, conforme o desenho abaixo. As transformações FG e HI são isobáricas, GH é isotérmica e IF é adiabática. Considere que, na transformação FG, 200 kJ de calor tenham sido fornecidos ao gás e que na transformação HI ele tenha perdido 220 kJ de calor para o meio externo. A variação de energia interna sofrida pelo gás na transformação adiabática IF é

[A] -40 kJ
[B] -20 kJ
[C] 15 kJ
[D] 25 kJ
[E] 30 kJ

24. (EM-2015) Analise as figuras abaixo.

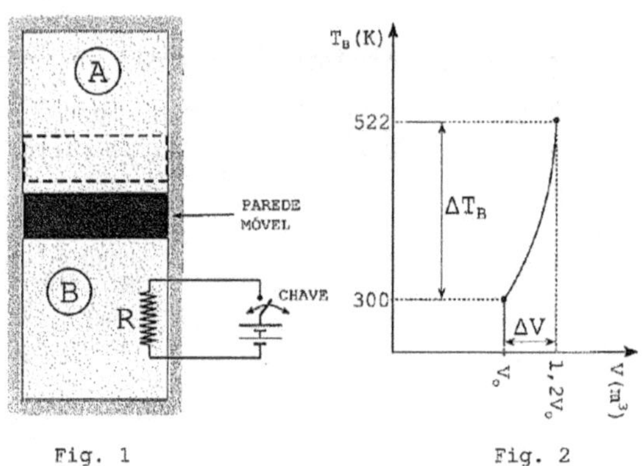

Fig. 1 Fig. 2

O recipiente da Fig.1 possui as paredes externas e a parede móvel interna compostas de isolante térmico. Inicialmente, os compartimentos de mesmo volume possuem, cada um, um mol de certo gás ideal monoatômico na temperatura de 300 K. Então, por meio da fonte externa de calor, o gás do compartimento B (gás B) se expande lentamente comprimindo adiabaticamente o gás A. Ao fim do processo, estando o gás B na temperatura de 522 K e volume 20% maior que o volume inicial, a temperatura em °C, do gás A será:

[A] 249
[B] 147
[C] 87
[D] 75
[E] 27

25. (EsPCEx-2021) Um gás ideal sofre uma transformação adiabática em que o meio externo realiza um trabalho sobre o gás. Podemos afirmar que, nesta transformação,

[A] a energia interna do gás diminui.
[B] o calor trocado aumenta.
[C] a pressão do gás diminui.
[D] o volume do gás aumenta.
[E] a temperatura do gás aumenta.

26. (EsPCEx-2019) Um gás ideal é comprimido por um agente externo, ao mesmo tempo em que recebe calor de 300 J de uma fonte térmica.
Sabendo-se que o trabalho do agente externo é de 600 J, então a variação de energia interna do gás é

[A] 900 J.
[B] 600 J.
[C] 400 J.
[D] 500 J.
[E] 300 J.

27. (AFA) Uma máquina térmica, ao realizar um ciclo, retira $20\ J$ de uma fonte quente e libera $18\ J$ para uma fonte fria. O rendimento dessa máquina, é

[A] 0,1%
[B] 1,0%
[C] 2,0%
[D] 10 %

28. (AFA-2016) Uma máquina térmica opera entre duas fontes, uma quente, a $600\ K$, e outra fria, a $200\ K$. A fonte quente libera $3700\ J$ para a máquina. Supondo que esta funcione no seu rendimento máximo, o valor do trabalho, em J, por ciclo e o seu rendimento, são, respectivamente,

[A] 1233 e 33%.
[B] 1233 e 100%.
[C] 2464 e 67%.
[D] 3700 e 100%.

29. (EsPCEx-2018) Considere uma máquina térmica X que executa um ciclo termodinâmico com a realização de trabalho. O rendimento dessa máquina é de 40% do rendimento de uma máquina Y que funciona segundo o ciclo de Carnot, operando entre duas fontes de calor com temperaturas de 27 °C e 327 °C. Durante um ciclo, o calor rejeitado pela máquina X para a fonte fria é de 500 J, então o trabalho realizado neste ciclo é de

[A] 100 J.
[B] 125 J.
[C] 200 J.
[D] 500 J.
[E] 625 J.

30. (EsPCEx-2020) Considere uma máquina térmica que opera um ciclo termodinâmico que realiza trabalho. A máquina recebe 400 J de uma fonte quente cuja temperatura é de 400 K e rejeita 200 J para uma fonte fria, que se encontra a 200 K. Neste ciclo a máquina térmica realiza um trabalho de 200 J. Analisando o ciclo termodinâmico exposto acima conclui-se que a máquina térmica é um_I_. Essa máquina térmica_II_a 1ª Lei da Termodinâmica. O rendimento desta máquina é_III_a 50%.

A opção que corresponde ao preenchimento correto das lacunas (I), (II) e (III) é:

[A] I-refrigerador II-não atende III-maior que
[B] I-refrigerador II-atende III-igual a
[C] I-motor térmico II-atende III-menor que
[D] I-motor térmico II-não atende III-maior que
[E] I-motor térmico II-atende III-igual a

Óptica

Os princípios da óptica geométrica

A óptica geométrica estuda os fenômenos luminosos e a propagação da luz sob o ponto de vista geométrico, sem a necessidade de se preocupar com a natureza ondulatória da luz. Deste modo, os fenômenos são estudados utilizando os conceitos de *raio de luz*.

Um conjunto de raios de luz é denominado de *feixe* ou *pince de luz*.

Para raios de luz paralelos entre si, tem-se um feixe *cilíndrico*. Quando os raios de luz passam por um mesmo ponto *Q*, o feixe é *cônico*, podendo ser *convergente* ou *divergente*. O ponto *Q* do feixe é chamado *vértice do feixe*. Para um feixe cilíndrico, o vértice é *impróprio*.

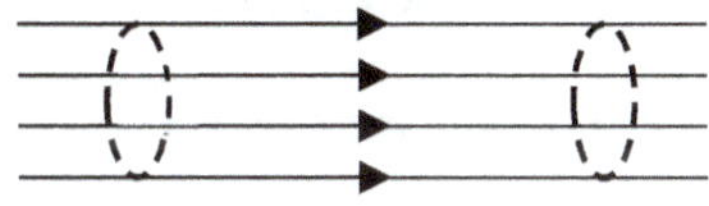

Feixe cilíndrico

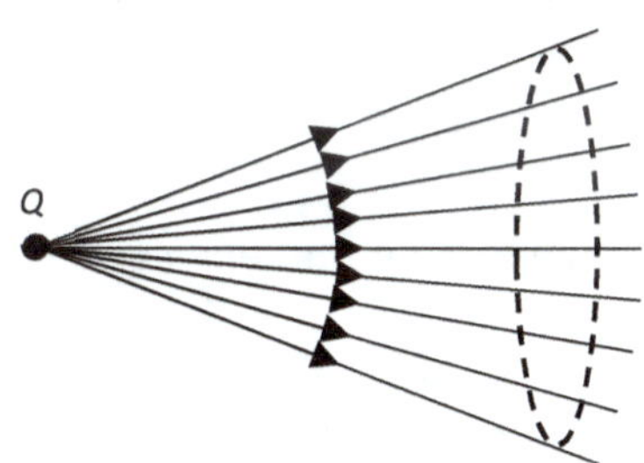

Feixe cônico divergente

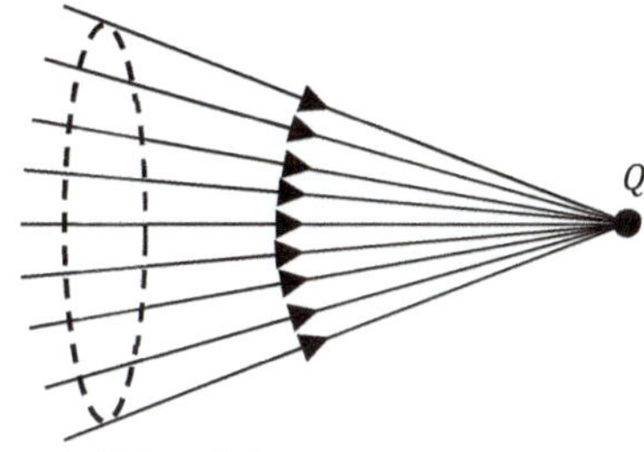

Feixe cônico convergente

Fontes de luz

• Fonte primária: Também chamados de corpos luminosos, são fontes que emitem luz própria. Exemplo: Sol.

• Fonte segundaria: Ou corpos iluminados, são fontes que emitem a luz recebida de outros corpos. Exemplo: A Lua.

Considerando as dimensões, as fontes podem ser classificadas em:

• Fontes puntiformes: Quando suas dimensões são desprezíveis se comparadas às distâncias entre os corpos. Pode-se assumir como pontos que emitem luz em todas as direções.

• Fontes extensas: Quando suas dimensões não podem ser desprezadas.

Considerando-se o tipo, a luz emitida pelas fontes pode ser classificada em:

• Luz monocromática: Luz de uma única cor.

• Luz policromática: Luz resultante da combinação de luzes monocromáticas diferentes e que ao ser percebida pelos olhos, não coincide com as cores componentes.

Meios ópticos

• Meios transparentes: São meios que permitem a visualização nítida dos objetos através deles.

• Meios translúcidos: Não permitem a visualização nítida através deles.

• Meios opacos: Não permite a visualização dos objetos através deles.

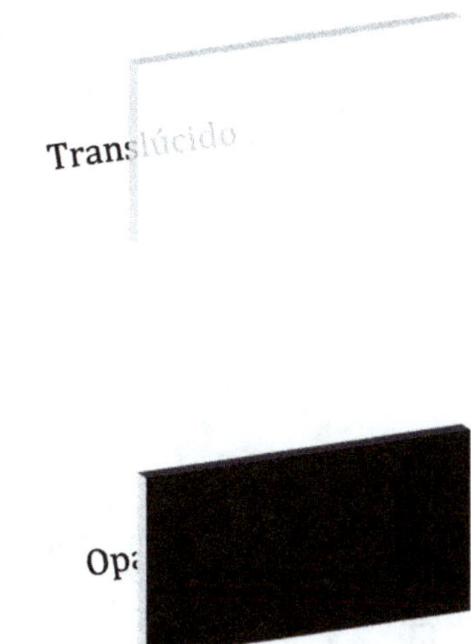

A velocidade da luz

Para qualquer que seja o tipo de luz, observa-se que sua velocidade de propagação no vácuo é constante e vale aproximadamente 300.000 km/s. Em meios materiais a velocidade da luz assume valores diferentes, que serão sempre menores do que 300.000 km/s, e decresce no sentido da luz vermelha para a luz violeta.

O ano-luz é uma unidade de comprimento utilizada para indicar distâncias muito grandes, principalmente em astronomia. Corresponde a distância que a luz percorre no vácuo durante um intervalo de tempo igual a $1\ \text{ano terrestre} = 365{,}2\ \text{dias} \cong 3{,}16\cdot 10^7$ s. Assim, 1 ano-luz equivale a aproximadamente $9{,}5 \cdot 10^{12}\ \text{km}$.

Os princípios da óptica geométrica

1º. Princípio da propagação retilínea da luz

Em um meio homogêneo e transparente, a luz se propaga em linha reta.

2º. Princípio da independência dos raios de luz

Um raio de luz, ao cruzar com outro, não interfere na sua propagação.

3º. Princípio da reversibilidade dos raios de luz

O caminho seguido pela luz independe do sentido de propagação.

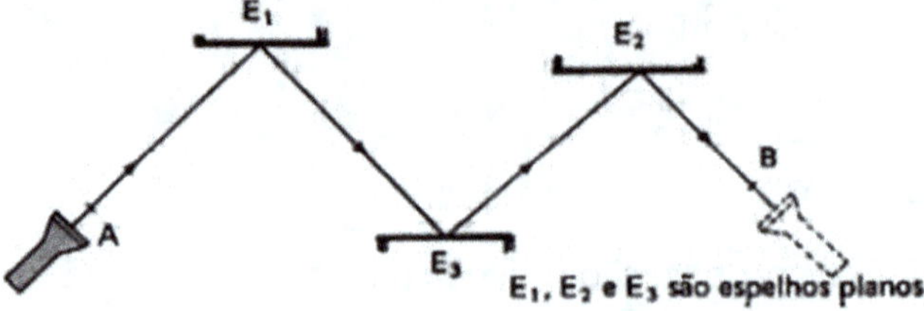

Significa que o caminho de propagação da luz ao ir de um ponto a outro é igual quando é percorrido no sentido oposto, como mostra a figura acima.

Ângulo visual

Chama-se de ângulo visual como o ângulo θ compreendido pelos raios luminosos que partem dos pontos extremos do objeto extenso observado e atingem o globo ocular do observador.

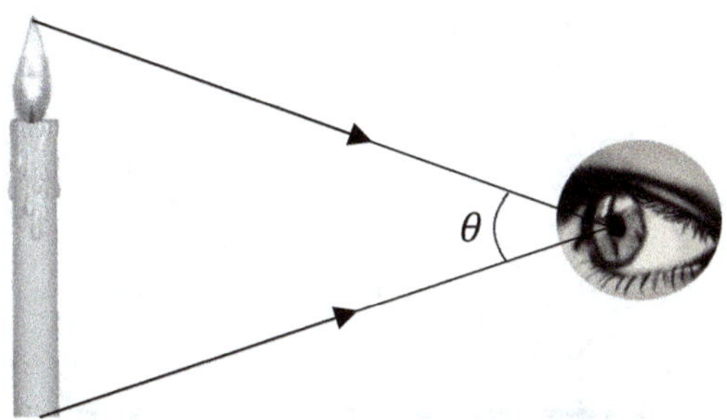

Um objeto extenso somente será observado como tal se o ângulo visual sob o qual é visto é maior do que um determinado valor, o qual se denomina limite de acuidade visual. Em seres humanos, esse limite é de cerca de 1 minuto de grau $\left(\frac{1°}{60}\right)$.

Câmara escura de orifício

Considere o objeto AB que se encontra em frente à câmara escura de orifício. Sejam i e o as alturas respectivas da imagem e do objeto, e p' e p, as distâncias respectivas da imagem e do objeto até o orifício. Então:

$$\frac{i}{o} = \frac{p'}{p}$$

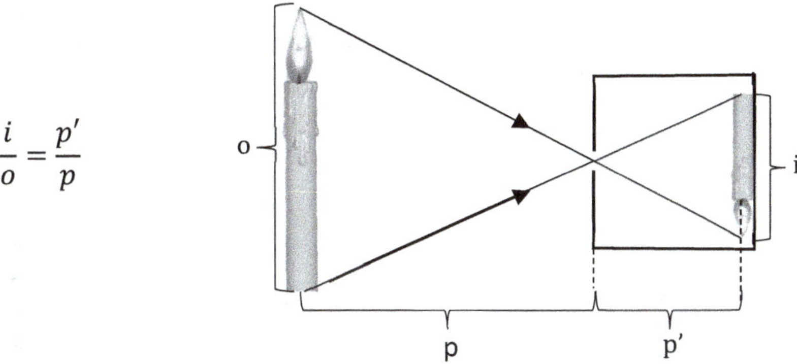

Reflexão da luz (Espelho plano)

Leis da reflexão

1º. O raio incidente, a reta normal e o raio refletido são coplanares.
2º. O ângulo de incidência com a reta normal é igual ao ângulo de reflexão com a mesma reta normal ($i = r$).

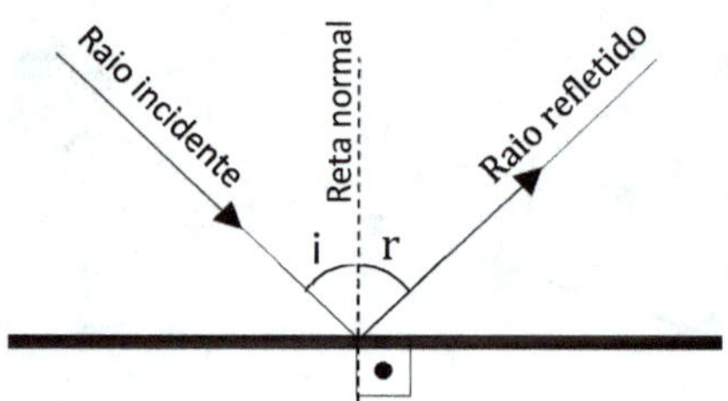

Imagem de um ponto

O ponto objeto real P se encontra à mesma distância do espelho que o ponto imagem virtual P', ou seja, são equidistantes do espelho.

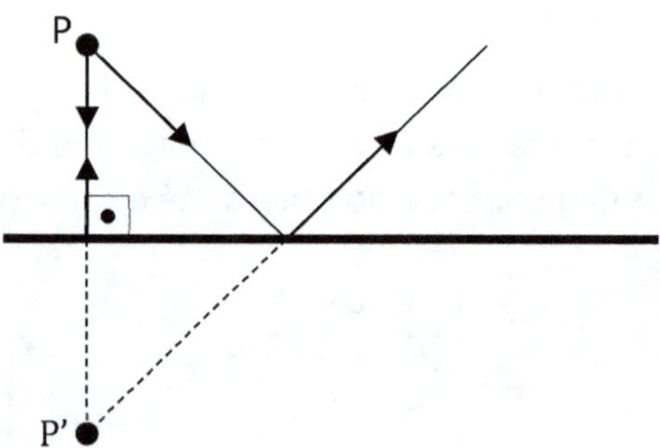

Campo visual

É a região do espaço visível por reflexão no espelho que fica determinada pelas retas que tangenciam as bordas do espelho e que passam por O', conforme a figura a seguir.

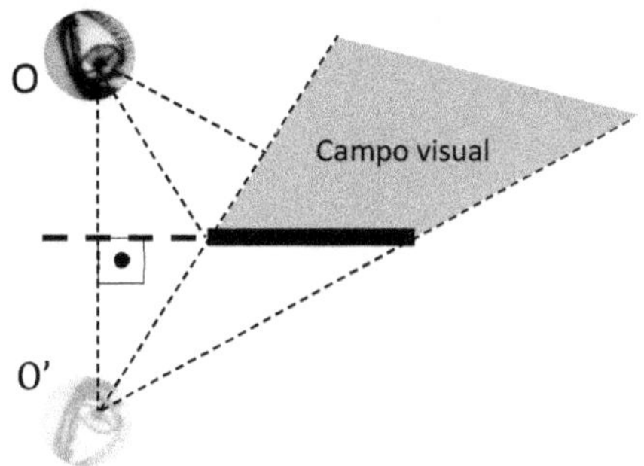

Translação

Quando um espelho plano sofre uma translação, o deslocamento da imagem é igual ao dobro do deslocamento do espelho.

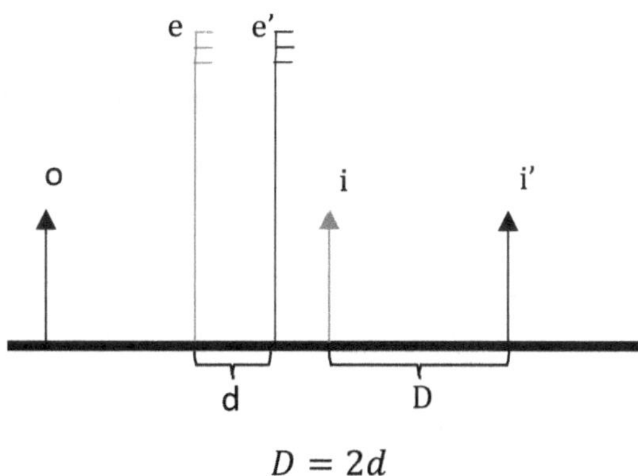

$$D = 2d$$

A velocidade de translação da imagem é o dobro da velocidade de translação do espelho.

$$V_i = 2v_e$$

Rotação

Quando um espelho sofre uma rotação de um ângulo θ, o raio refletido sofre um desvio angular que corresponde ao dobro do ângulo de rotação do espelho.

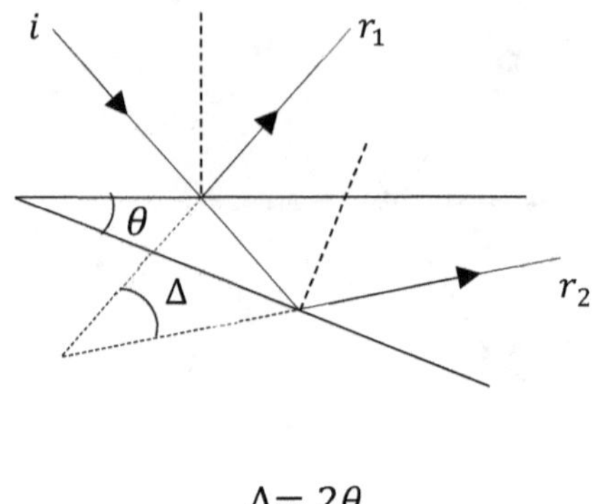

$$\Delta = 2\theta$$

Obs.:

1- O deslocamento angular da imagem corresponde ao dobro do deslocamento angular do espelho.

2- A velocidade angular da imagem é o dobro da velocidade angular do espelho.

Associação de espelhos planos

Sejam E_1 e E_2 dois espelhos planos associados conforme mostra a figura abaixo.

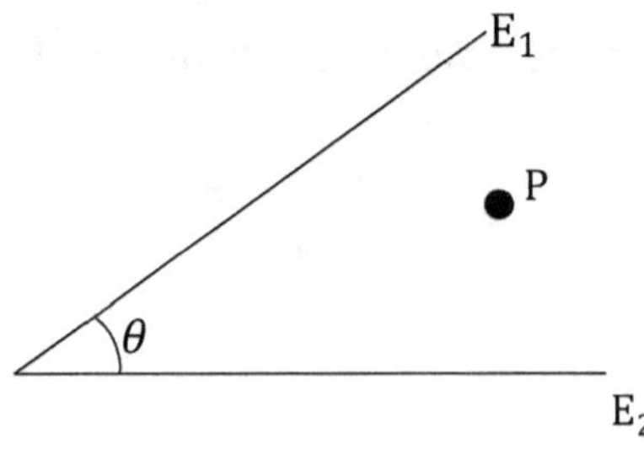

O número de imagens distintas do ponto P será dado por:

$$N = \frac{360°}{\theta} - 1$$

1- Se o quociente $\frac{360°}{\theta}$ for um número par, o objeto P poderá assumir qualquer posição entre os espelhos.

2- Se o quociente $\frac{360°}{\theta}$ for um número ímpar, o objeto P deverá se localizar no plano bissetor de θ.

Reflexão da luz (espelhos esféricos)

Construção geométrica das imagens

Para a construção geométrica das imagens vamos considerar uma *imagem real* como sendo aquela formada pelo cruzamento de, pelo menos, dois raios particulares refletidos e uma *imagem virtual* formada pelo cruzamento de, pelo menos, dois prolongamentos de raios particulares refletidos.

Os principais elementos geométricos comuns aos espelhos esféricos, côncavos ou convexos são:

- Raio de curvatura (R): é o raio da superfície esférica que originou a calota esférica;

- Centro de curvatura (C): é o centro da superfície esférica que originou a calota esférica;

- Vértice do espelho (V): é o polo da calota esférica;

- Foco principal (F): é o ponto sobre o eixo principal localizado a meia distância do centro de curvatura (C) e o vértice (V).

- Eixo principal do espelho (ep): é a reta determinada pelo centro de curvatura (C) e o vértice (V) do espelho.

- Eixo secundário do espelho (es): é qualquer reta que passa pelo centro de curvatura (C) mas não pelo vértice (V) do espelho.

- Ângulo de abertura (θ): é o dobro do ângulo plano determinado pelos eixos primário (ep) e secundário (es) que tangencia a borda do espelho.

- Plano frontal: um plano qualquer que é perpendicular ao eixo principal.

- Plano meridional: um plano qualquer que corta a calota e que contém o eixo principal.

Obs.: As leis da reflexão são válidas para os espelhos esféricos.

Raios notáveis:

- Raios que incidem segundo uma direção paralela ao eixo principal (ep) são refletidos para a direção que passa pelo foco principal (F).
- Raios que incidem no vértice (V) são refletidos simetricamente com relação ao eixo principal.
- Raios que incidem segundo uma direção que passam pelo centro de curvatura (C), são refletidos sobre si mesmos.
- Raios que incidem segundo uma direção que passa pelo foco principal (F) são refletidos para uma direção paralela ao eixo principal (ep).

Espelho côncavo

1) Objeto além do centro de curvatura (C):

Imagem: real, invertida e menor.

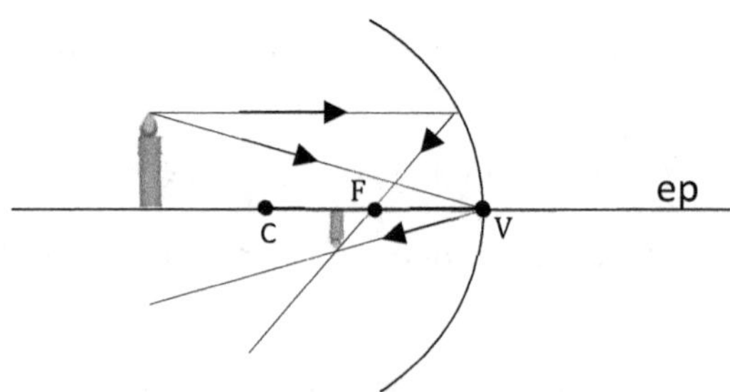

2) Objeto sobre o centro de curvatura (C):

Imagem: Real, invertida e de mesmo tamanho.

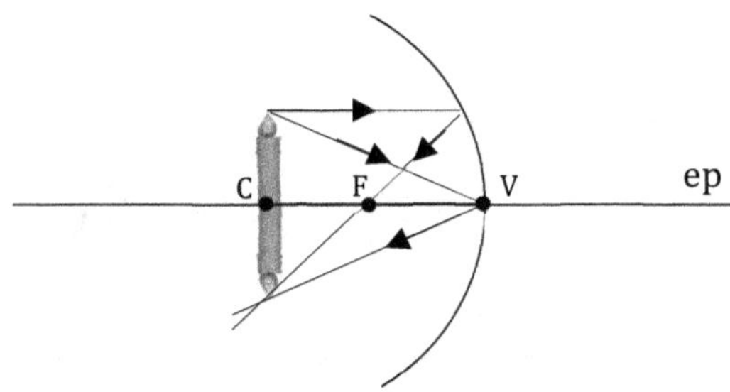

3) Objeto entre o centro de curvatura (C) e o foco principal (F):

Imagem: Real, invertida e ampliada.

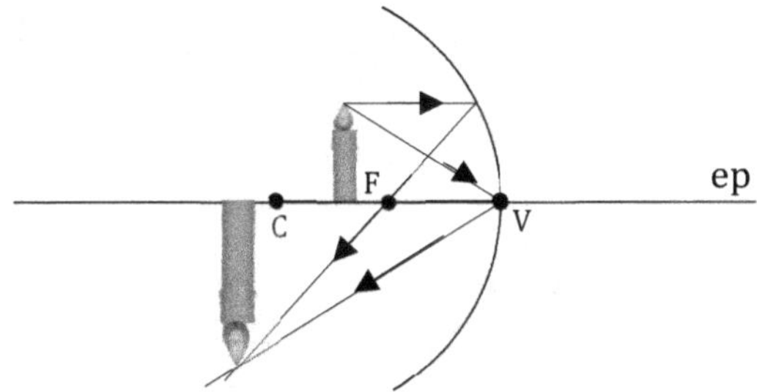

4) Objeto sobre o foco principal (F):

Imagem: Imprópria (os raios refletidos são paralelos).

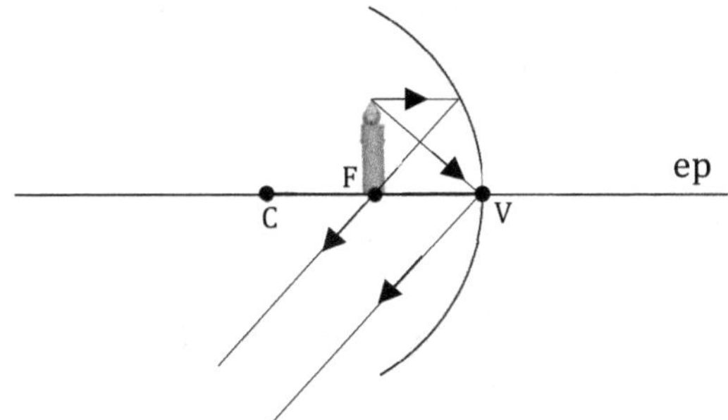

5) Objeto entre o foco principal (F) e o vértice (V):

Imagem: virtual, direita e ampliada.

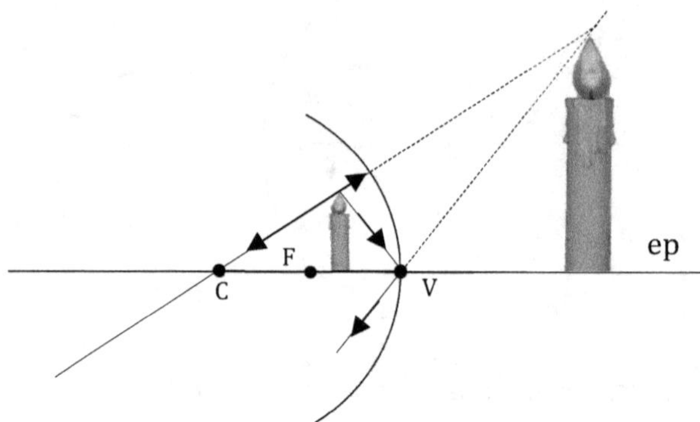

Espelho convexo

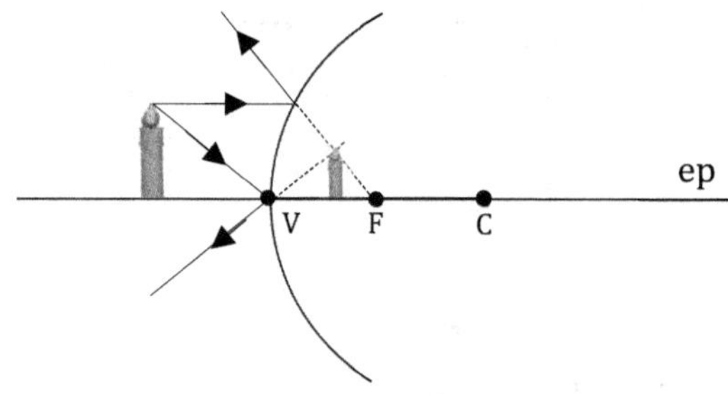

Nos espelhos esféricos convexos, a imagem de um objeto real é sempre virtual, direita e menor do que o objeto.

Estudo analítico

As posições do objeto e da imagem podem ser caracterizadas por abscissas, medidas ao longo do eixo x (ep). De forma semelhante, as alturas do objeto e da imagem podem estar associadas a ordenadas ao longo do eixo y. Tal sistema é chamado de *referencial de Gauss*.

- Espelho côncavo

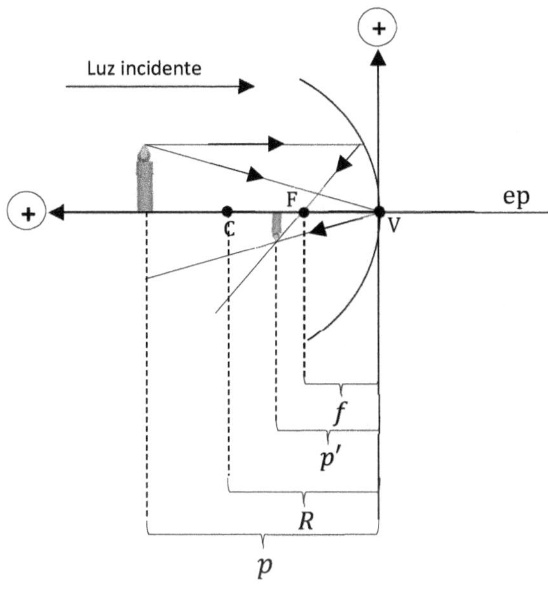

- Espelho convexo

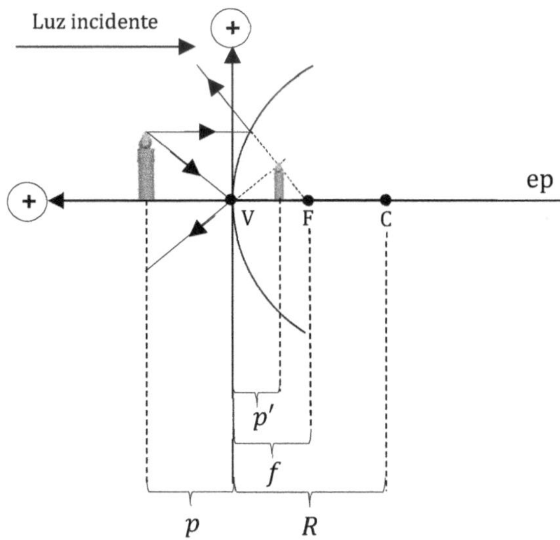

Em que:

p: distância do objeto ao vértice;

p': distância da imagem ao vértice;

f: distância focal;

R: raio de curvatura.

Obs.:

- Para espelhos côncavos: $f > 0$ e $R > 0$.

- Para espelhos convexos: $f < 0$ e $R < 0$.

- Equação de Gauss:

$$\frac{1}{f} = \frac{1}{p} + \frac{1}{p'}$$

- Equação para o aumento linear:

$$A = \frac{i}{o} = -\frac{p'}{p}$$

Em que:

i: tamanho da imagem;

o: tamanho do objeto.

- Objetos real $(p > 0)$, teremos:

- Espelho côncavo:

Imagem real: $p' > 0$

Imagem invertida: $i < 0$

Imagem virtual: $p' < 0$

Imagem direita: $i > 0$

- Espelho convexo:

Imagem virtual: $p' < 0$

Imagem direita: $i > 0$

Obs.:

- $A > 0$ significa que i e o devem ter o mesmo sinal (imagem direita) e p e p' devem ter sinais opostos (objeto e imagem de natureza opostas);
- $A < 0$ significa que i e o devem ter sinais opostos (imagem invertida) e p e p' devem ter mesmo sinal (objeto e imagem de mesma natureza);
- $|A| > 1$, a imagem é ampliada, ou seja, maior que o objeto;
- $|A| < 1$, a imagem é reduzida, ou seja, menor que o objeto.

Refração da luz

Denomina-se de *refração* o fenômeno que ocorre quando a luz passa de um meio para outro com alteração em sua velocidade de propagação. Para o estudo da refração se faz necessário definir uma grandeza chamada *índice de refração*, para meios homogêneos e transparentes.

Índice de refração absoluto

Define-se o *índice de refração absoluto* para uma dada luz monocromática como o quociente entre a velocidade de propagação da luz no vácuo (c) pela velocidade da luz no meio (v):

$$n = \frac{c}{v}$$

Obs.:

- O índice de refração absoluto é uma grandeza adimensional.
- Todo meio material deve possuir um índice de refração absoluto maior do que 1, pois a velocidade de propagação da luz é máxima no vácuo.

- Índice de refração relativo

Define-se o índice de refração relativo do meio 1 com relação ao meio 2 como sendo o quociente entre os índices de refração absoluto do meio 1 e o índice de refração absoluto do meio 2:

$$n_{1,2} = \frac{n_1}{n_2}$$

- Leis da refração

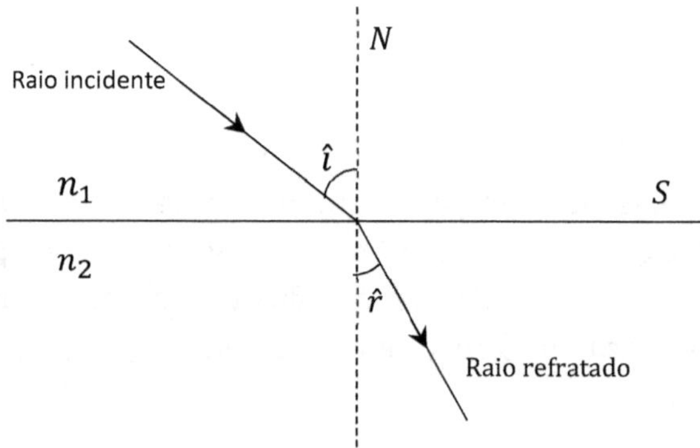

- 1º O raio incidente, a normal e o raio refratado são coplanares;

- 2º A relação de Snell é obedecida:

$$n_1 \cdot sen\,\hat{\imath} = n_2 \cdot sen\,\hat{r}$$

Em que:

$\hat{\imath}$: Ângulo de incidência;

$\hat{r}$: Ângulo de refração.

Dioptro plano

Chama-se o conjunto constituído por dois meios transparentes e a superfície de separação S entre eles de *dioptro*. A forma da superfície de separação entre os meios, *superfície dióptrica*, caracteriza o tipo de dioptro: plano, esférico, cilíndrico e etc.

Para um observador no meio menos refringente, a imagem virtual se encontra mais próxima da superfície dióptrica.

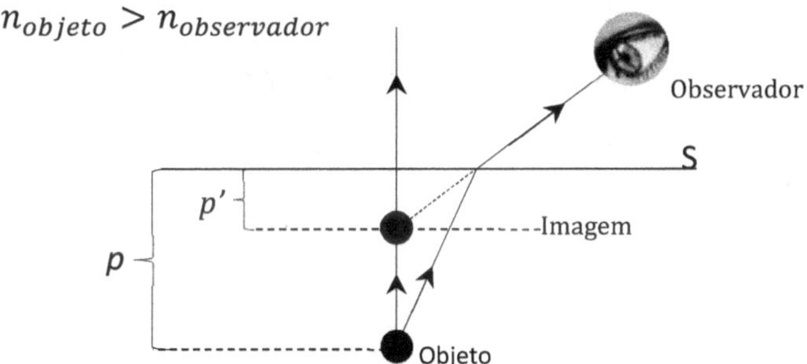

Para um observador no meio mais refringente, a imagem virtual se encontra mais afastada da superfície dióptrica.

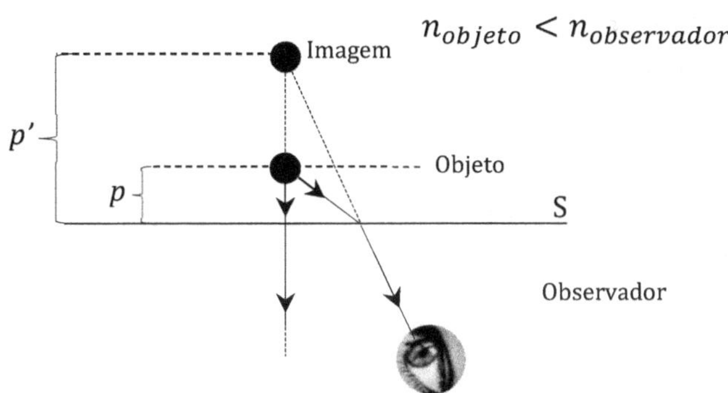

A expressão que relaciona as distâncias *p* e *p'* é dada por:

$$\frac{n_{observador}}{n_{objeto}} = \frac{p'}{p}$$

Lâmina de faces paralelas

A lâmina de faces paralelas é uma associação de, pelo menos, dois dioptros planos cujas superfícies dióptricas são paralelas.

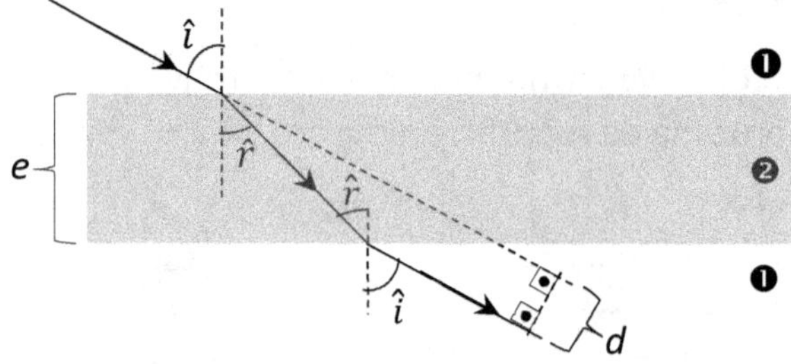

O desvio do raio de luz será dado por:

$$d = \frac{e \cdot sen\,(\hat{\imath} - \hat{r})}{cos\,\hat{r}}$$

Em que

d: Desvio lateral;

e: espessura da lâmina.

Obs.: Se os meios externos à lâmina forem iguais, o raio emergente é paralelo ao raio incidente.

Prismas

Pode-se identificar um prisma óptico como uma associação de dois dioptros planos, cujas superfícies dióptricas, S_1 e S_2, não são paralelas. Os prismas possuem os seguintes elementos:

- *Faces*, que são as superfícies dióptricas S_1 e S_2;
- *Aresta*, intersecção dessas faces;
- *Secção principal*, que é a intersecção do prisma com um plano perpendicular à aresta;
- *Ângulo de refringência* ***A*** (ou ângulo de abertura), que é o ângulo entre as faces do prisma.

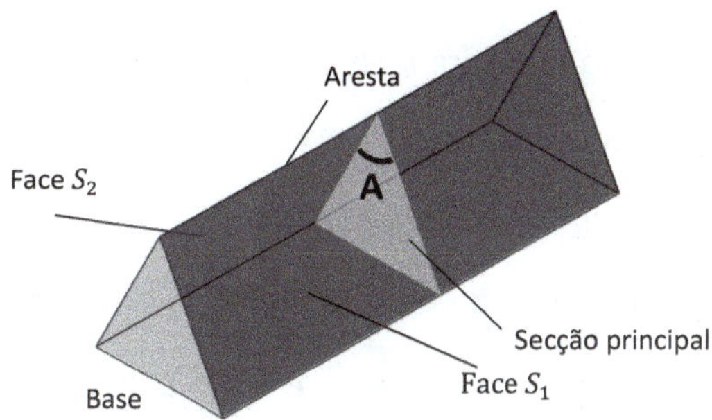

Para um raio de luz monocromática que atravessa um prisma no plano da secção principal do prisma (caso comum: $n_2 > n_1$), temos:

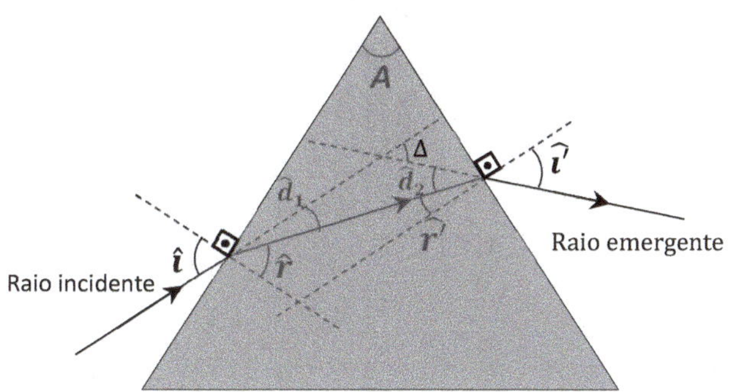

$$A = \hat{r} + \hat{r}'$$

$$\Delta = \hat{\imath} + \widehat{\imath'} - A$$

$$\Delta = \hat{d}_1 + \hat{d}_2$$

Em que:

Δ: Desvio angular total;

d_1: Desvio angular na primeira face;

d_2: Desvio angular na segunda face;

$\hat{\imath}$: Ângulo de incidência na primeira face;

$\hat{r}$: Ângulo da refração na primeira face;

$\widehat{r'}$: Ângulo de incidência da segunda face;

$\widehat{\imath'}$: Ângulo de refração na segunda face ou ângulo de emergência.

Para $\hat{\imath} = \widehat{\imath'}$ o ângulo de desvio Δ é chamado desvio angular mínimo (Δ_m); logo:

$$\hat{\imath} = \widehat{\imath'} = i$$

$$\hat{r} = \widehat{r'} = r$$

$$A = 2r$$

$$\Delta_m = 2i - A$$

Lentes esféricas

Denomina-se *lente esférica*, a associação de dois dioptros na qual pelo menos um deles é, obrigatoriamente, um dioptro esférico, e o outro pode ser um dioptro plano ou esférico.

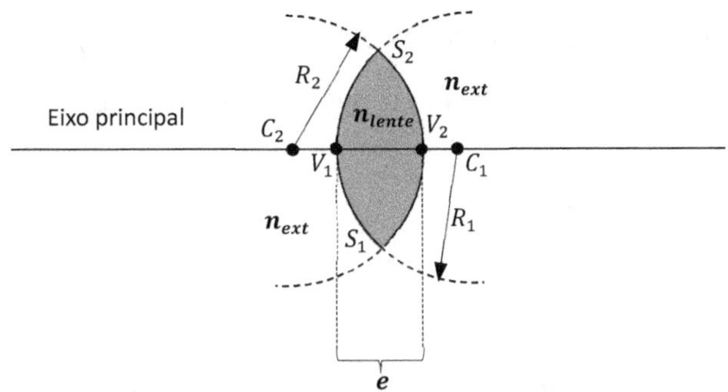

A figura acima mostra a secção principal de uma lente esférica, na qual são mostrados os elementos geométricos de uma lente esférica.

- S_1 e S_2: *Faces* da lente;
- C_1 e C_2: *Centros de curvatura* das faces;
- R_1 e R_2: *Raios de curvaturas* das faces;
- V_1 e V_2: *Vértices* das faces.
- e: Espessura da lente.

Alguns exemplos de lentes esféricas:

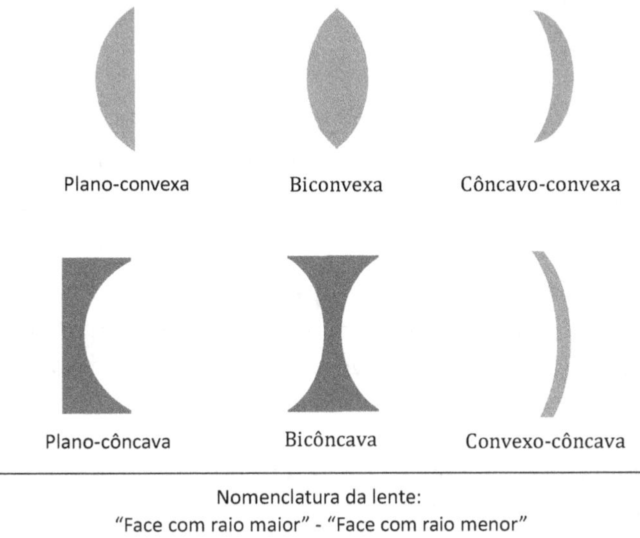

Nomenclatura da lente:
"Face com raio maior" - "Face com raio menor"

- Comportamento óptico de uma lente

Para simplificação do estudo das lentes esféricas, utilizamos a seguinte representação:

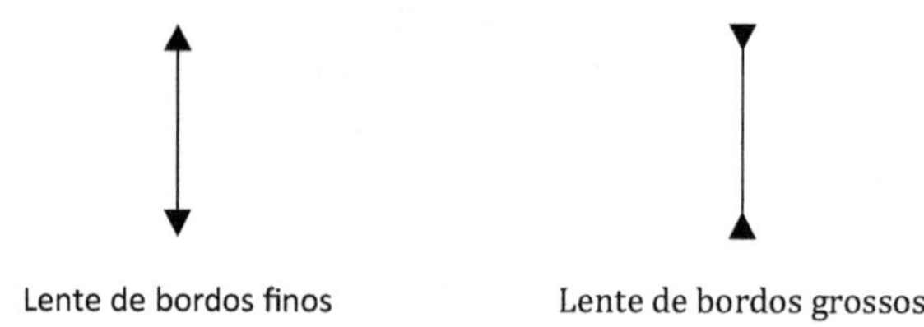

Quando o meio externo possui um índice de refração menor do que o índice de refração da lente ($n_{ext} < n_{lente}$), temos:

Lente de bordos finos – Convergente;

Lente de bordos grossos – Divergente.

Quando o meio externo possui um índice de refração maior do que o índice de refração da lente ($n_{ext} > n_{lente}$), temos:

Lente de bordos finos – Divergente;

Lente de bordos grossos – Convergente.

- Construção geométrica das imagens

Previamente, vamos definir alguns pontos geométricos localizados sobre o eixo principal das lentes esféricas, a saber, os centros ópticos, os focos e os pontos antiprincipais.

➢ *Centro óptico*: Para efeitos práticos, os vértices V_1 e V_2 são coincidentes (lentes delgadas), formando um único ponto *O*. Esse ponto denomina-se centro óptico. Todo raio de luz que atravessa uma lente passando pelo seu centro óptico não sofre desvio.

➢ *Foco principal objeto*: é o ponto *F* do eixo principal ao qual é associada uma imagem imprópria. Todo raio de luz incidente na lente que passe pelo foco principal objeto, emergirá da lente paralelamente ao seu eixo principal.

➢ *Foco principal imagem*: é o ponto *F'* do eixo principal associado a um objeto impróprio. Todo raio de luz incidente na lente paralelo ao eixo principal, emergirá na direção do foco principal imagem.

➢ *Ponto objeto antiprincipal*: é o ponto *A* localizado sobre o eixo principal, com o dobro da distância do foco principal objeto até o centro óptico da lente.

➢ *Ponto imagem antiprincipal*: é o ponto *A'* localizado sobre o eixo principal, com o dobro da distância do foco principal imagem até o centro óptico.

• Formação de imagens para lentes delgadas.

Para a construção da imagem de um objeto extenso toma-se o cruzamento de dois raios particulares.

➢ Lentes convergentes $(n_{ext} = n_{ar})$

1) Objeto localizado além do ponto objeto antiprincipal.

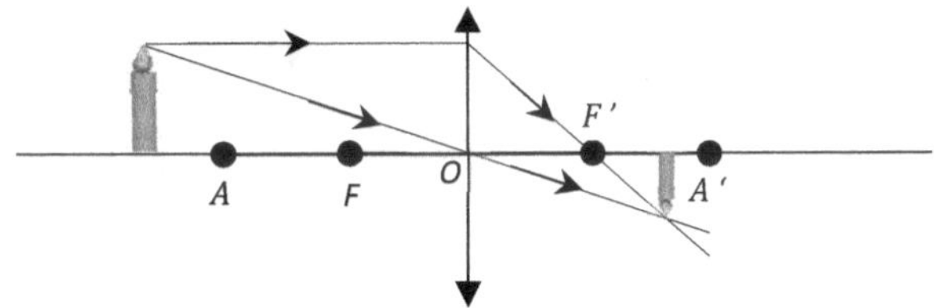

Imagem: Real, invertida e menor.

2) Objeto localizado no ponto objeto antiprincipal.

Imagem: Real, invertida e de mesmo tamanho.

3) Objeto localizado entre o foco principal objeto e o ponto objeto anti-principal.

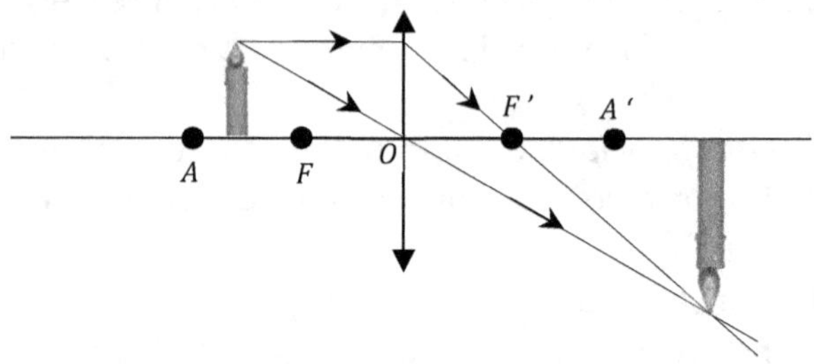

Imagem: Real, invertida e ampliada.

4) Objeto localizado no foco principal objeto.

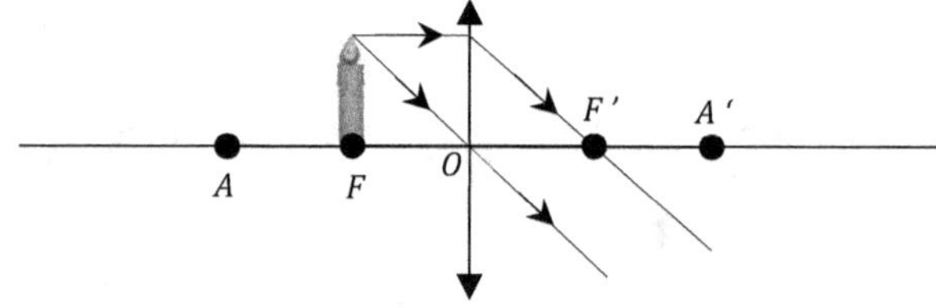

Imagem: Imprópria.

5) Objeto localizado entre o foco principal objeto e o centro óptico.

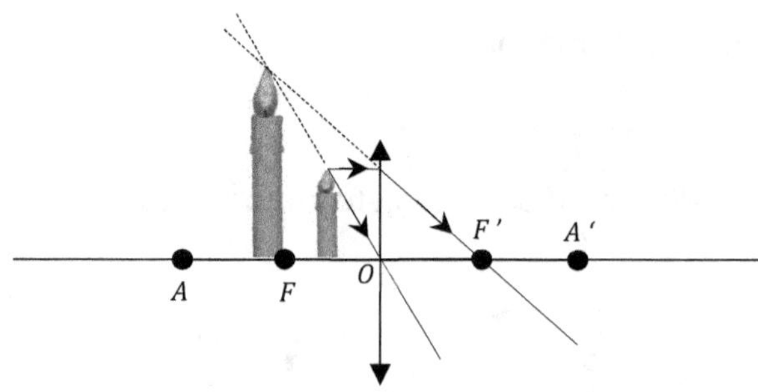

Imagem: Virtual, direita e ampliada.

- Lentes divergentes ($n_{ext} = n_{ar}$)

1) Objeto localizado em qualquer posição.

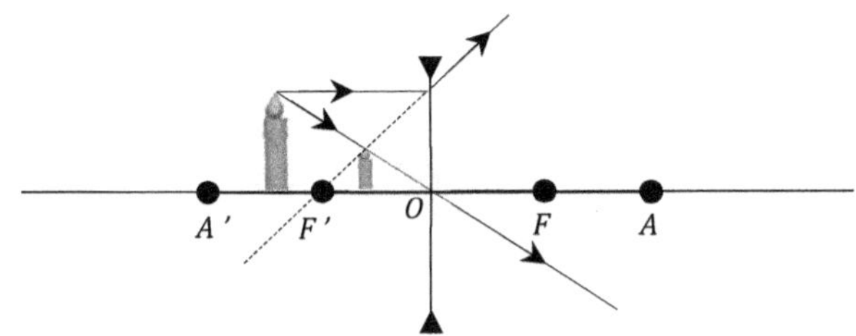

Estudo analítico

De forma semelhante ao que foi feito para os espelhos esféricos, as posições do objeto e da imagem podem ser caracterizadas por abscissas, medidas ao longo do eixo x (eixo principal). De forma semelhante, as alturas do objeto e da imagem podem estar associadas a ordenadas ao longo do eixo y.

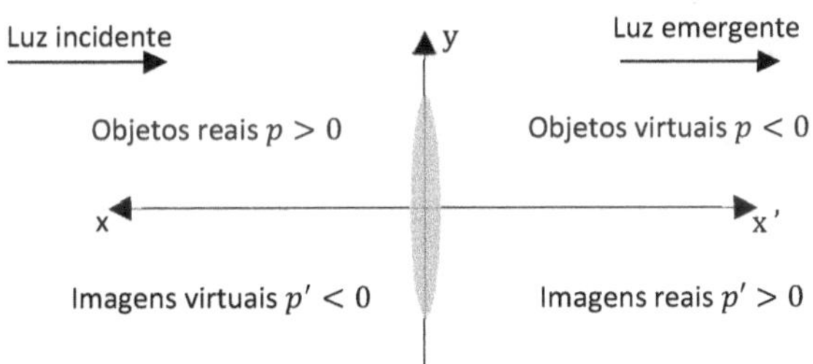

Obs.:

- Imagem direita: *i* e *o* tem o mesmo sinal;

- Imagem invertida: *i* e *o* tem sinais opostos;

- Lente convergente: $f > 0$;

- Lente divergente: $f < 0$.

- Equação de Gauss:

$$\frac{1}{f} = \frac{1}{p} + \frac{1}{p'}$$

- Equação para o aumento linear:

$$A = \frac{i}{o} = -\frac{p'}{p}$$

Em que:

p: distância do objeto ao centro óptico;

p': distância da imagem ao centro óptico;

f : distância focal;

i: tamanho da imagem;

o: tamanho do objeto.

• Vergência da lente esférica delgada

Denomina-se *vergência* (ou convergência) *P* de uma lente esférica delgada como o inverso da distância focal.

$$P = \frac{1}{f}$$

Com a distância focal medida em metros (*m*), a unidade de vergência se denomina *dioptria* (*di*), conhecida popularmente como "grau" da lente.

• Equação dos fabricantes de lentes (Equação de Halley)

A equação dos fabricantes de lentes relaciona a vergência da lente com raios de curvaturas das faces e os índices de refração absolutos da lente e do meio que a envolve.

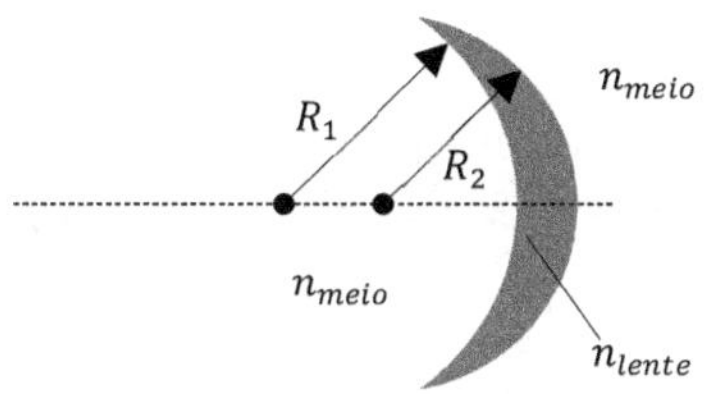

$$P = \frac{1}{f} = \left(\frac{n_{lente}}{n_{meio}} - 1\right)\left(\frac{1}{R_1} + \frac{1}{R_2}\right)$$

Na equação, deve-se obedecer a seguinte convenção:

- Face convexa: $R > 0$;

- Face côncava: $R < 0$.

Obs.:

Para o caso particular em que a lente delgada possui uma face plana, considere a situação em que $R_{plana} \to \infty$ que conduz a $\frac{1}{R_{plana}} \to 0$.

• Associação de lentes

Para associação de lentes, a vergência da lente equivalente é dada pela soma das vergências das lentes componentes.

$$P_{equivalente} = P_1 + P_2 + \cdots$$

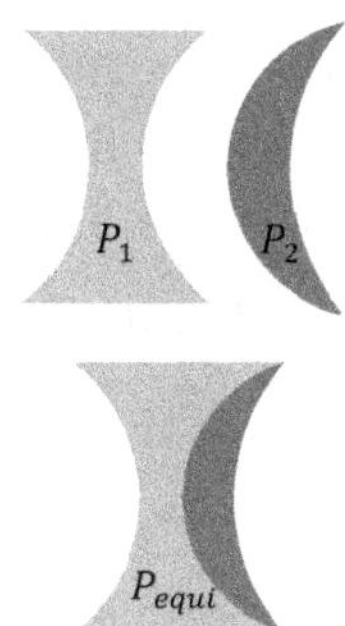

Instrumentos ópticos

Instrumentos ópticos podem ser classificados em *instrumentos ópticos de visão objetiva*, se a imagem final tem natureza *real*, e *instrumentos ópticos de visão subjetiva*, se a imagem final tem natureza *virtual*.

- Instrumentos ópticos de visão objetiva (instrumentos de projeção)

- *Máquina fotográfica*: Consiste em uma câmara escura com uma lente convergente como objetiva. Focaliza-se a imagem variando a distância entre a objetiva e o anteparo*.

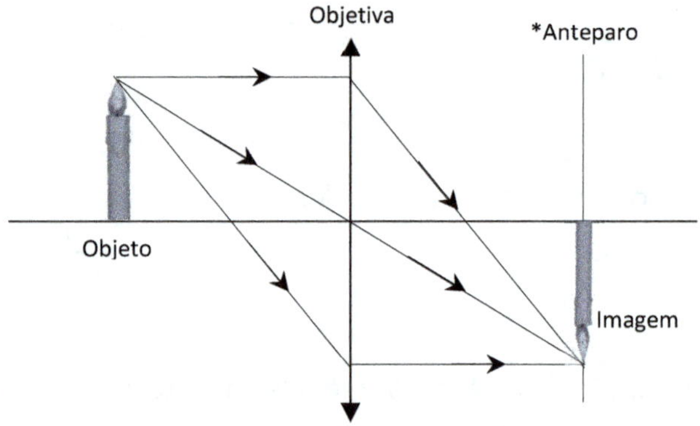

*Nos equipamentos antigos o anteparo utilizado é um filme fotossensível capaz de propiciar uma reação química entre os sais do filme e a luz que incide nele. No caso das câmeras digitais, uma das partes do anteparo consiste em um dispositivo eletrônico, conhecido como *CCD (Charge-Coupled Device)*, que converte as intensidades de luz que incidem sobre ele em valores digitais armazenáveis na forma de *bits*.

A distância focal da objetiva é constante, se a distância do objeto *p* diminuir isso implica que a distância da imagem *p'* deve aumentar como consequência da equação de Gauss $\frac{1}{f} = \frac{1}{p} + \frac{1}{p'}$. Então, com a aproximação do objeto, a distância da lente objetiva ao anteparo deve aumentar. Assim a imagem estará "focalizada" no anteparo.

- *Projetor*: Uma fonte de luz intensa ilumina o objeto (p.ex.: um filme) a ser projetado. A objetiva é uma lente convergente.

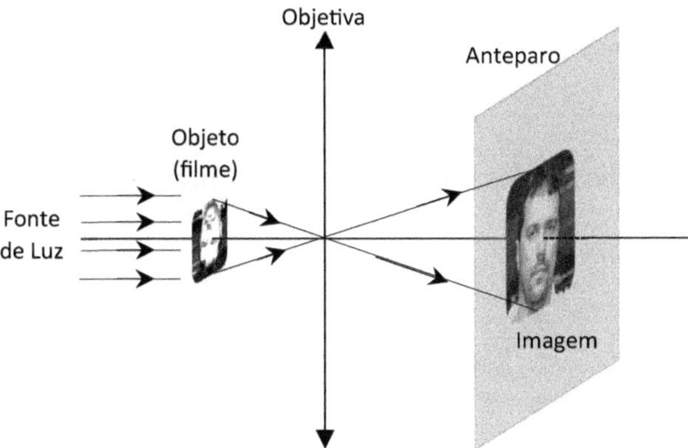

O objeto (filme) deve estar posicionado entre o ponto antiprincipal objeto e o foco principal objeto da lente. Assim, ao se aproximar a lente do objeto (filme) que se encontra fixo, sua imagem tende a se afastar da lente e aumentar de tamanho.

- Instrumentos ópticos de visão subjetiva (instrumentos de observação)

\- *Lupa* (ou lente de aumento): Consiste de uma lente convergente. O objeto deve ser posicionado entre o foco e o centro óptico da lente (imagem virtual, direita e ampliada).

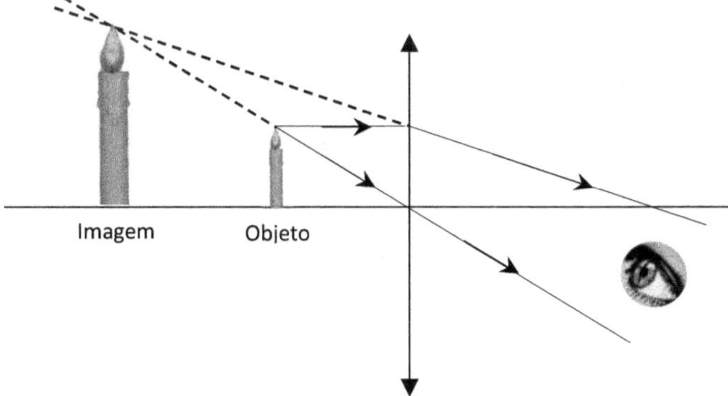

O aumento linear transversal pode variar de acordo com a distância *p* do objeto à lupa e a distância focal da lente. Aplicando a equação de Gauss, e a expressão do aumento, tem-se a seguinte expressão:

$$A = \frac{f}{f - p}$$

- *Microscópio composto*: É formado por duas lentes convergentes – objetiva e ocular.

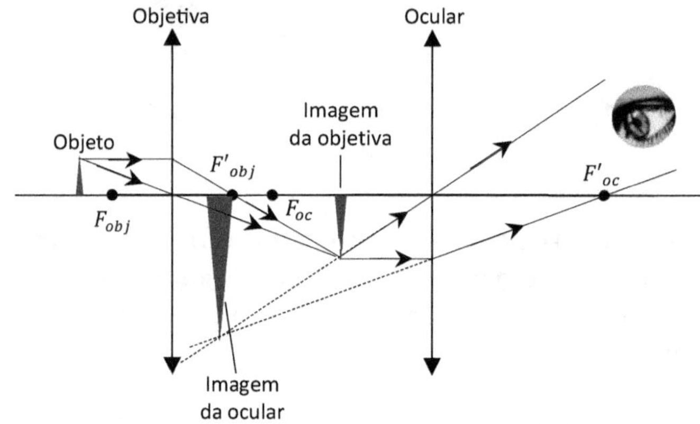

Geralmente a objetiva e a ocular são constituídas de associações de várias lentes justapostas com o objetivo de eliminar as aberrações cromáticas.

Observa-se da figura anterior que a objetiva fornece uma imagem que exerce o papel de objeto para a ocular.

O aumento linear do microscópio é dado por:

$$A_M = A_{obj} \cdot A_{oc}$$

Em que:

A_{obj}: é o aumento linear da objetiva;

A_{oc}: é o aumento linear da ocular.

- Luneta astronômica: Também constituída por duas lentes convergentes – objetiva e ocular.

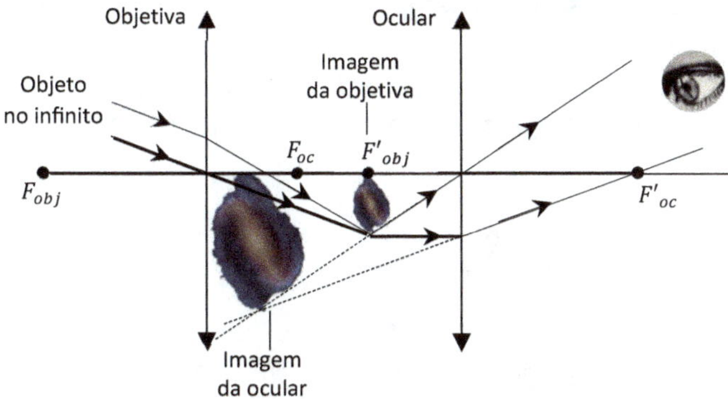

A imagem de um objeto infinitamente afastado é formada pela objetiva em seu plano focal, sendo real e invertida. Tal imagem exerce o papel de objeto para a ocular que funciona de forma similar a uma simples lupa, fornecendo uma imagem virtual e invertida (com relação ao objeto).

Para as lunetas, que são instrumentos de aproximação, define-se o aumento visual A_V, dado pela relação entre o ângulo visual θ' como a imagem é vista através do instrumento e o ângulo visual θ, como a imagem é vista por um observador com o olho no lugar da objetiva. Encontra-se a seguinte relação para o aumento visual:

$$A_V = \frac{f_{obj}}{f_{oc}}$$

O Olho humano

O globo ocular humano é um sistema óptico constituído por vários elementos, no entanto nem todos possuem funções ópticas.

A figura a seguir mostra de forma simplificada os componentes do globo ocular humano.

- Pálpebras – Com movimentos de abrir e fechar exerce papel semelhante a de um obturador de uma máquina fotográfica.

▪ Córnea $(1{,}37 \leq n_{cor} \leq 1{,}38)$; Humor aquoso $(n_{Ha} \cong 1{,}33)$; Cristalino $(1{,}38 \leq n_{cri} \leq 1{,}41)$ e Humor vítreo $(n_{Hv} \cong 1{,}33)$ – Formam uma associação de meios transparentes que desempenham o papel de uma lente objetiva de uma máquina fotográfica.

▪ Pupila – Diâmetro variável, regula a quantidade de luz que entra no olho correspondendo ao diafragma de uma máquina fotográfica.

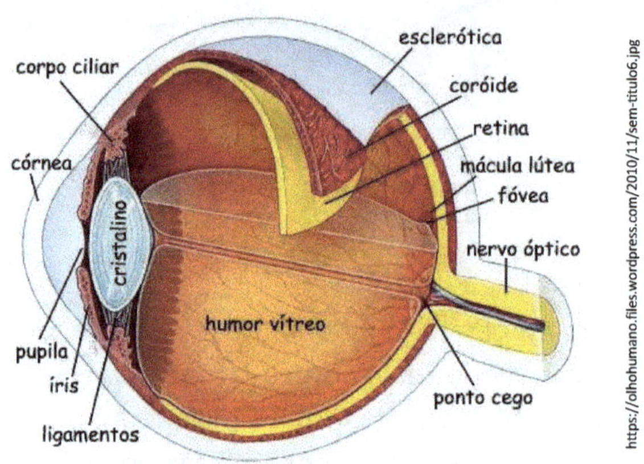

Para o estudo da formação das imagens no olho humano, bem como os defeitos e suas correções, utiliza-se um esquema simplificado denominado olho reduzido, em que todos os meios transparentes são reduzidos a uma única lente convergente situada a uma distância de 1,5 cm da retina. As demais estruturas que não são necessárias para a construção geométrica da imagem foram omitidas.

O olho reduzido

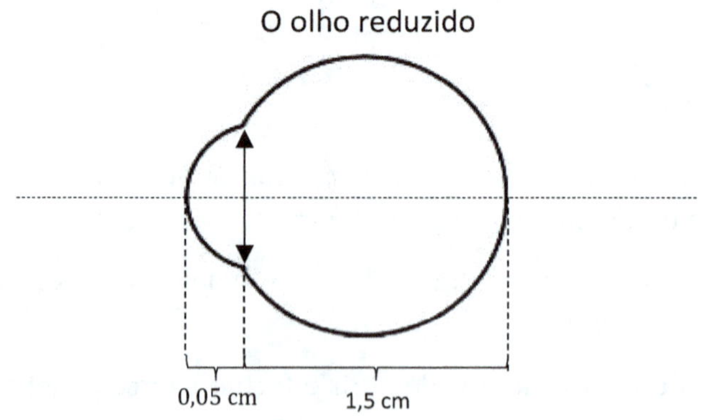

Por convenção adota-se como *ponto próximo* (p.p.), objetos que se encontram a 25 cm da lente do olho reduzido. Qualquer objeto a uma distância superior ao p.p., estará no *ponto remoto* (p.r.), ou seja, infinitamente afastado.

- Defeitos da visão

➢ Miopia: O alongamento do globo ocular provoca uma excessiva convergência do cristalino. O p.r. torna-se finito e a imagem forma-se antes da retina.

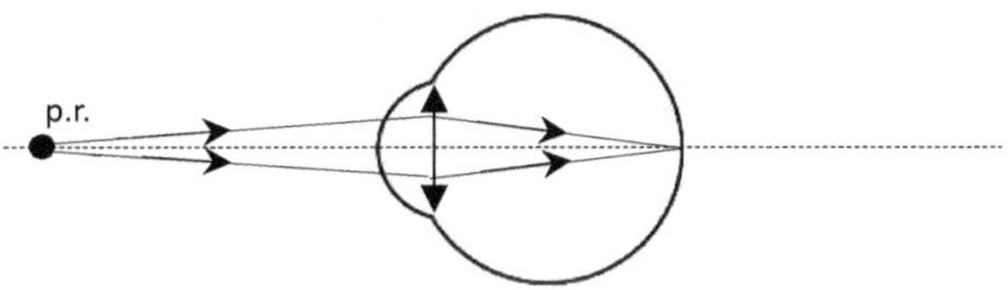

Correção: Utiliza-se lente divergente de distância focal em módulo igual à abscissa do p.r.

$$f = -p.r.$$

➢ Hipermetropia: O achatamento do globo ocular provoca uma convergência deficiente do cristalino. O p.p. se encontra mais distante do globo e sua imagem forma-se atrás da retina.

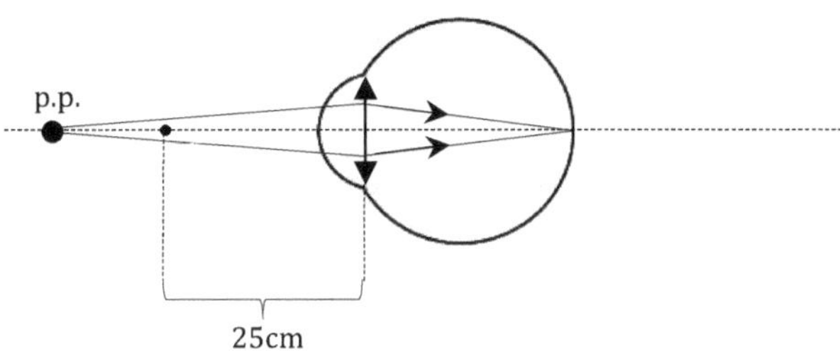

Correção: Utiliza-se lente convergente. Assim, um objeto a 25 cm conjuga uma imagem sobre o p.p.

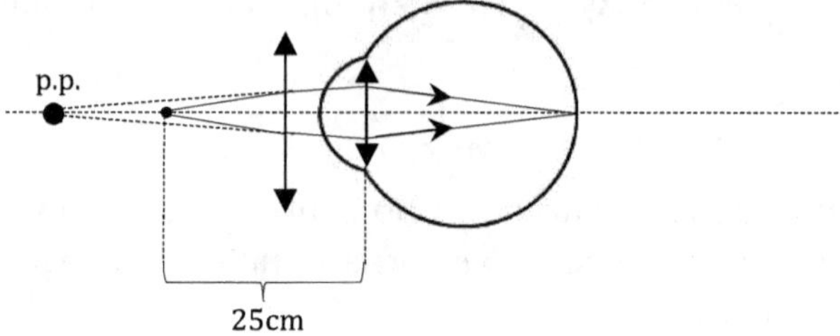

Exercícios

1. Eratóstenes nasceu em Cirene, Grécia, e morreu em Alexandria, Egito, no terceiro século AEC. Ele era bibliotecário-chefe da famosa Biblioteca de Alexandria, e foi lá que ele encontrou, num velho papiro, indicações de que ao meio-dia de cada 21 de junho na cidade de Assuã (ou Syene, no grego antigo) 800 km ao sul de Alexandria, uma vareta fincada verticalmente no solo não produzia sombra. Eratóstenes decidiu fazer um experimento. Ele mediu o comprimento da sombra em Alexandria ao meio-dia de 21 de junho, quando a vareta em Assuã, ao Sul do Egito, não produzia sombra. Assim, ele obteve o ângulo aproximado de 7,2°. Com isso ele encontrou o valor da circunferência da Terra. Qual o valor encontrado por Erastóstenes?

2. Um estudante resolveu fazer a experiência da câmara escura para obter a imagem de uma bola de basquete. Ele solicitou a um colega que movimentasse a bola na direção do horizontal (a), de acordo com a figura abaixo. Percebeu que a imagem cresceu de 2 cm para 4 cm em 2 s. É correto afirmar:

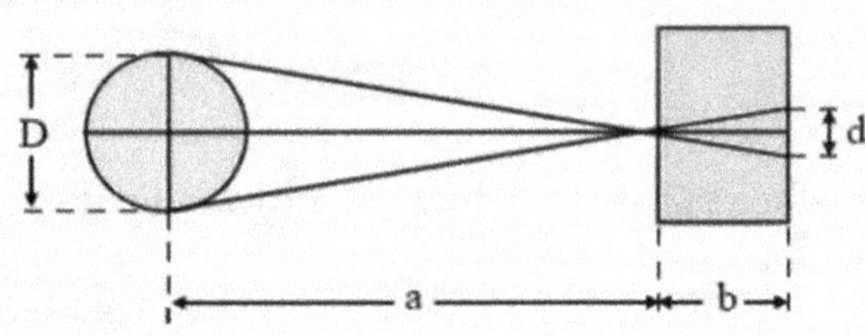

[A] A razão entre a velocidade média de crescimento da imagem da bola e a velocidade média da bola vale: $\frac{Db}{8}$

[B] A bola se afasta segundo uma taxa de $1\ cm/s$

[C] O mesmo efeito seria atingido se for aumentado o diâmetro do orifício da câmara sem perder a nitidez da imagem.

[D] A razão entre a velocidade média de crescimento da imagem da bola e a velocidade média da bola vale: $-\frac{8}{Db}$.

[E] A bola se aproximada segundo uma taxa de $1\ cm/s$.

3. (UEL-PR) A figura a seguir representa uma fonte extensa de luz L e um anteparo opaco A, dispostos paralelamente ao solo (S):

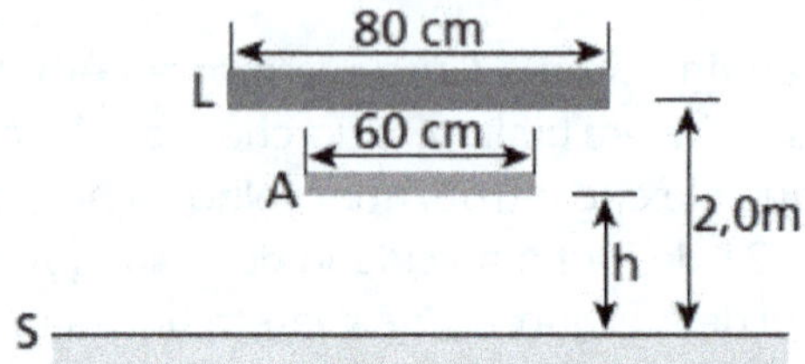

O valor mínimo de h, em metros, para que sobre o solo não haja formação de sombra, é:

[A] 2,0
[B] 1,5
[C] 0,80
[D] 0,60
[E] 0,30

4. (OBF-Brasil) Um homem de altura h caminha, com velocidade constante v em um corredor reto e passa sob uma lâmpada pendurada a uma altura H acima do solo. Determine a velocidade da sombra da cabeça do homem no solo.

5. (UEBA) Dois espelhos planos I e II, formam um ângulo de 60°, conforme está indicado no esquema.

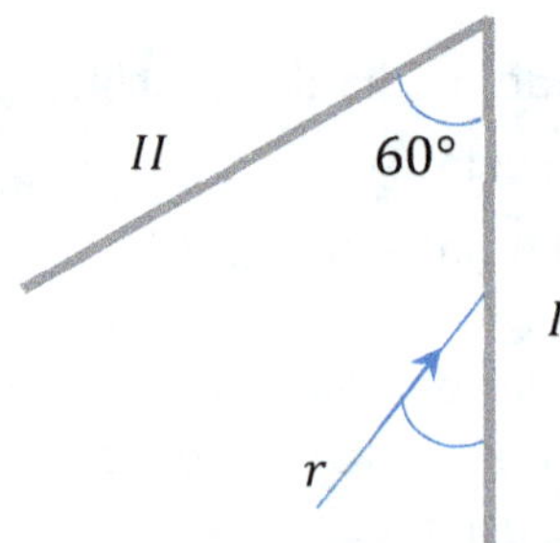

Um raio r, que incide no espelho I, é refletido e incide no espelho II. Para que, ao incidir no espelho II, o raio seja refletido sobre si mesmo, o ângulo α, indicado no esquema, deve ser igual a:

[A] 15°
[B] 30°
[C] 45°
[D] 60°
[E] 75°

6. (AFA) A figura mostra um objeto A, colocado a 8 m de um espelho plano, e um observador O, colocado a 4 m desse mesmo espelho.

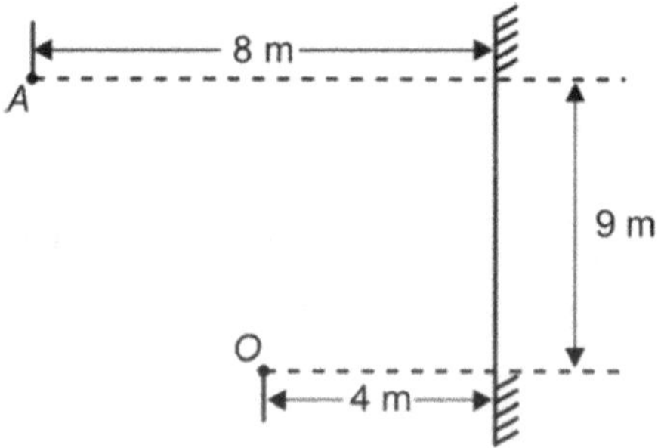

Um raio de luz que parte de A e atinge o observador O por reflexão no espelho percorrerá, nesse trajeto de A para O,

[A] 10 m
[B] 12 m
[C] 15 m
[D] 18 m

7. Uma garota com 1,60 m de altura deseja observa-se no espelho desde os pés até a cabeça em um espelho plano afixado em uma parede na vertical, de formato quadrado cuja base está orientada paralelamente ao solo. Sabendo que os olhos da garota se encontram a 1,50 m do solo, determine:

a) A menor altura para o espelho, de forma que a garota consiga realizar seu desejo.
b) A distância da base inferior do solo, para o caso da garota estar se vendo de corpo inteiro.

8. (Faap-SP) Um cilindro de 25 cm de altura e de diâmetro desprezível foi abandonado de uma posição tal que sua base inferior estava alinhada com a extremidade superior de um espelho plano de 50 cm de altura e a 20 cm deste. Durante sua queda, ele é visto, assim como sua imagem, por um observador, que se encontra a 1 m do espelho e a meia altura deste (ver figura).

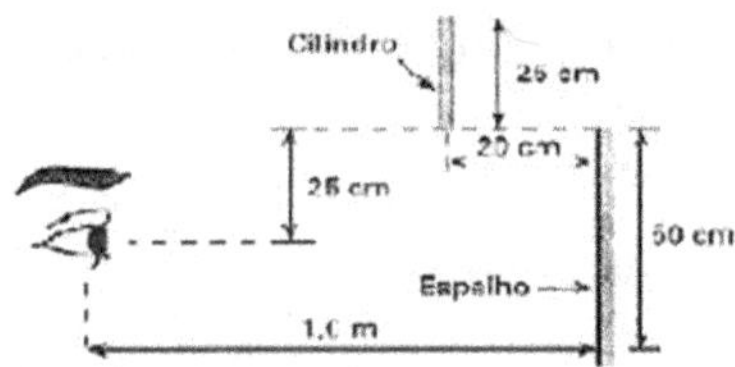

Calcule por quanto tempo o observador ainda vê a imagem do cilindro (total ou parcial), que permanece vertical durante a queda. Adote $g = 10\,m \cdot s^{-2}$.

9. Uma pessoa se move com uma velocidade constante de 4m/s com relação ao solo aproximando-se de um espelho plano que também se move com uma velocidade de 3m/s com relação ao solo, no mesmo sentido do deslocamento da pessoa. Encontre o módulo da velocidade da imagem em relação:

a) Ao solo;
b) Ao espelho;
c) À pessoa.

10. Um espelho *E* é montado sobre um bloco ligado a uma mola de massa desprezível que executa um MHS entre os pontos 1 e 2 do solo plano, horizontal e sem atrito. A face refletora se encontra voltada para uma moça que se

encontra em repouso com relação ao solo na posição 3. A massa do conjunto bloco-espelho é de 15 kg. Determine a frequência e a máxima velocidade da imagem da garota em relação ao solo.

Dados: $K = 1500\ N \cdot m^{-1}, \pi \cong 3$

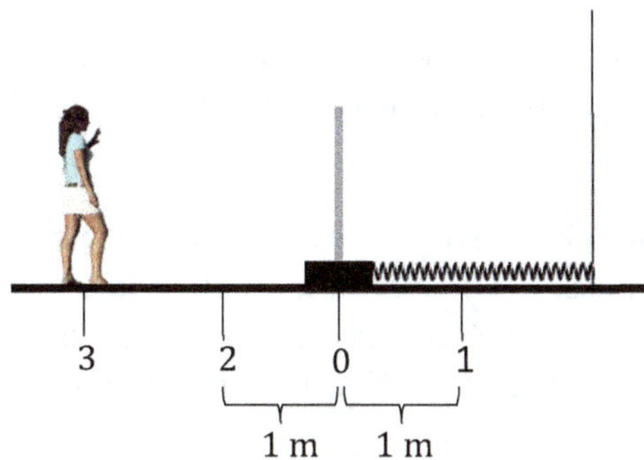

11. (UMC-SP) A figura representa dois espelhos planos E_1 e E_2 que formam entre si um ângulo de 90°. O ponto objeto P está situado entre as duas faces refletoras. Construa todas as imagens diferentes do ponto P, fornecidas pelos espelhos.

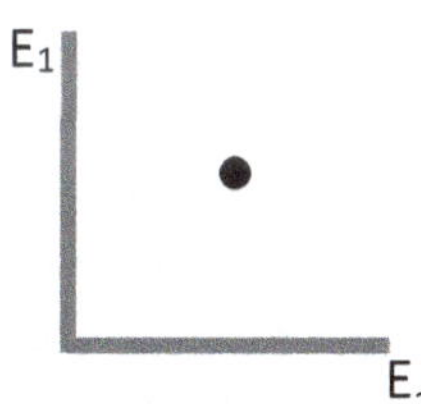

12. Um objeto de dimensões desprezíveis P é colocado entre dois espelhos planos E_1 e E_2, conforme a figura a seguir. Encontre todas as imagens do objeto. Quantas imagens são obtidas? Se o objeto representasse a mão esquerda de uma pessoa acenando, quais das imagens teriam a mão esquerda acenando?

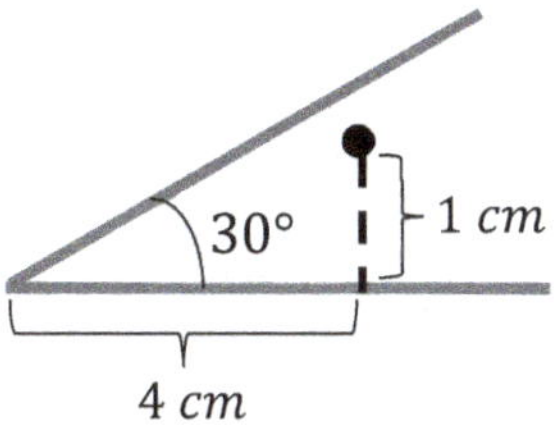

13. (Fuvest-SP) A imagem de um objeto forma-se a 40 cm de um espelho côncavo com distância focal de 30 cm. A imagem formada situa-se sobre o eixo principal do espelho, é real, invertida e tem 3 cm de altura.

a) Determine a posição do objeto.
b) Construa o esquema referente à questão, representando objeto, imagem, espelho e raios utilizados e indicando as distâncias envolvidas.

14. (EsPCEx-2018) Uma jovem, para fazer sua maquiagem, comprou um espelho esférico de Gauss. Ela observou que, quando o seu rosto está a 30 cm do espelho, a sua imagem é direita e três vezes maior do que o tamanho do rosto. O tipo de espelho comprado pela jovem e o seu raio de curvatura são, respectivamente,

[A] côncavo e maior do que 60 cm.
[B] convexo e maior do que 60 cm.
[C] côncavo e igual a 30 cm.
[D] côncavo e menor do que 30 cm.
[E] convexo e menor do que 30 cm.

15. Um garoto se aproxima de um espelho esférico côncavo com velocidade escalar constante igual a 5 m/s. Ao passar pelo ponto A, que se encontra a 30 m do vértice do espelho, observa-se que a imagem conjugada pelo espelho é real e tem a metade da altura do objeto.

Qual o intervalo de tempo necessário para que a imagem se torne virtual?

[A] 3 s
[B] 4 s
[C] 6 s
[D] 7 s
[E] 8 s

16. (ITA) Um espelho esférico convexo reflete uma imagem equivalente a 3/4 da altura de um objeto dele situado a uma distância p_1. Então, para que essa imagem seja refletida com apenas 1/4 da sua altura, o objeto deverá se situar a uma distância p_2 do espelho, dada por

[A] $p_2 = 9p_1$.
[B] $p_2 = 9p_1/4$.
[C] $p_2 = 9p_1/7$.
[D] $p_2 = 15p_1/7$.
[E] $p_2 = -15p_1/7$.

17. (EsPCEx-2022) Um dos fenômenos ópticos que observamos na propagação da luz e a refração. Com relação a refração de um feixe luminoso monocromático que ocorre quando ele incide na superfície de separação de dois meios distintos, e correto afirmar que

[A] o princípio da reversibilidade dos raios luminosos não é obedecido.
[B] o ângulo de incidência e o ângulo de refração são suplementares.
[C] no meio mais refringente o feixe se propaga com menor velocidade.
[D] o meio com maior índice de refração absoluto e o menos refringente.
[E] o seno do ângulo de incidência e o seno do ângulo de refração são iguais.

16. (U.F.Uberlândia-MG) A figura mostra uma lâmpada, L, colocada no fundo de um tanque e um raio luminoso que parte da mesma para o ar (veja dados na figura). Sabe-se que a velocidade da luz no ar é 3.10^8 m/s. Pede-se:

a) o ângulo q (deixe indicado);
b) a velocidade do raio luminoso dentro da água;

c) responda o que é reflexão total e se ela pode ocorrer do meio 2 (ar) para o meio 1 (água).

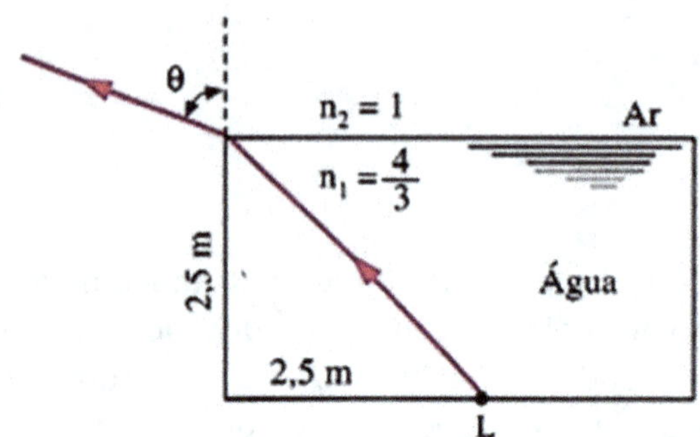

17. (EsPCEx-2016) Um raio de luz monocromática propagando-se no ar incide no ponto O, na superfície de um espelho, plano e horizontal, formando um ângulo de 30° com sua superfície. Após ser refletido no ponto O desse espelho, o raio incide na superfície plana e horizontal de um líquido e sofre refração. O raio refratado forma um ângulo de 30° com a reta normal à superfície do líquido, conforme o desenho abaixo. Sabendo que o índice de refração do ar é 1, o índice de refração do líquido é:

Dado: $sen\ 30° = \frac{1}{2}e \cos 60° = \frac{1}{2}$; $sen\ 60° = \sqrt{3}/2$ e $cos\ 30° = \sqrt{3}/2$

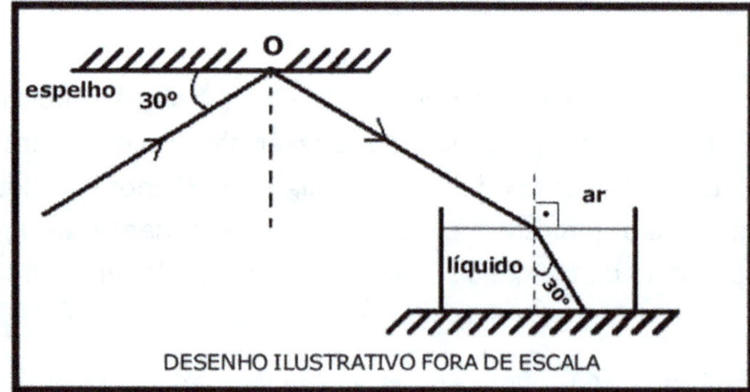

[A] $\frac{\sqrt{3}}{3}$

[B] $\frac{\sqrt{3}}{2}$

[C] $\sqrt{3}$

[D] $\frac{2\sqrt{3}}{3}$

[E] $2\sqrt{3}$

18. (EsPCEx-2014) Uma fibra óptica é um filamento flexível, transparente e cilíndrico, que possui uma estrutura simples composta por um núcleo de vidro, por onde a luz se propaga, e uma casca de vidro, ambos com índices de refração diferentes. Um feixe de luz monocromático, que se propaga no interior do núcleo, sofre reflexão total na superfície de separação entre o núcleo e a casca segundo um ângulo de incidência α, conforme representado no desenho abaixo (corte longitudinal da fibra). Com relação à reflexão total mencionada acima, são feitas as afirmativas abaixo.

(I) O feixe luminoso propaga-se do meio menos refringente para o meio mais refringente.

(II) Para que ela ocorra, o ângulo de incidência α deve ser inferior ao ângulo limite da superfície

de separação entre o núcleo e a casca.

(III) O ângulo limite da superfície de separação entre o núcleo e a casca depende do índice de refração do núcleo e da casca.

(IV) O feixe luminoso não sofre refração na superfície de separação entre o núcleo e a casca.

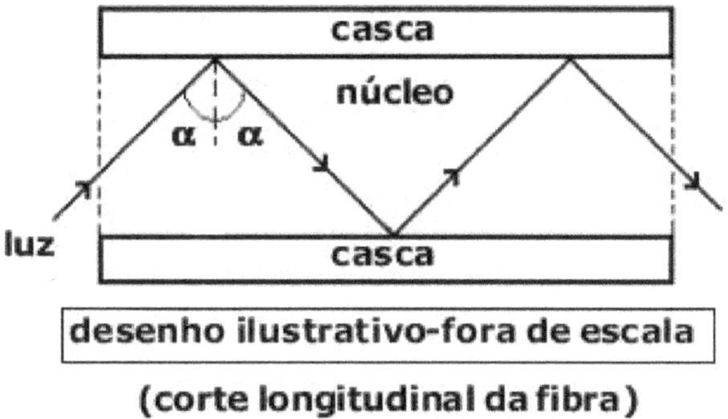

desenho ilustrativo-fora de escala

(corte longitudinal da fibra)

Dentre as afirmativas acima, as únicas corretas são:

[A] I e II

[B] III e IV

[C] II e III

[D] I e IV

[E] I e III

19. (AFA) Uma fonte pontual de luz monocromática está imersa numa piscina de profundidade h. Para que a luz emitida por essa fonte não atravesse a superfície da água para o ar, coloca-se na superfície um anteparo opaco circular cujo centro encontra-se na mesma vertical da fonte. O raio mínimo desse anteparo é:

Considere: n_{AR} – índice de refração do ar

$n_{ÁGUA}$ – índice de refração da água

[A] h . tg [arc sen (n_{AR} / $n_{ÁGUA}$)]

[B] tg (n_{AR}/$n_{ÁGUA}$)/h

[C] h . sen(n_{AR} / $n_{ÁGUA}$)

[D] h . arc tg [sen(n_{AR} / $n_{ÁGUA}$)]

20. (EsPCEx-2013) Uma fonte luminosa está fixada no fundo de uma piscina de profundidade igual a 1,33 m. Uma pessoa na borda da piscina observa um feixe luminoso monocromático, emitido pela fonte, que forma um pequeno ângulo α com a normal da superfície da água, e que, depois de refratado, forma um pequeno ângulo β com a normal da superfície da água, conforme o desenho. A profundidade aparente "h" da fonte luminosa vista pela pessoa é de:

Dados: sendo os ângulos α e β pequenos, considere $tg\alpha \cong sen\alpha$ e $tg\beta \cong sen\beta$.

índice de refração da água: $n_{água}$= 1,33
índice de refração do ar: n_{ar}= 1

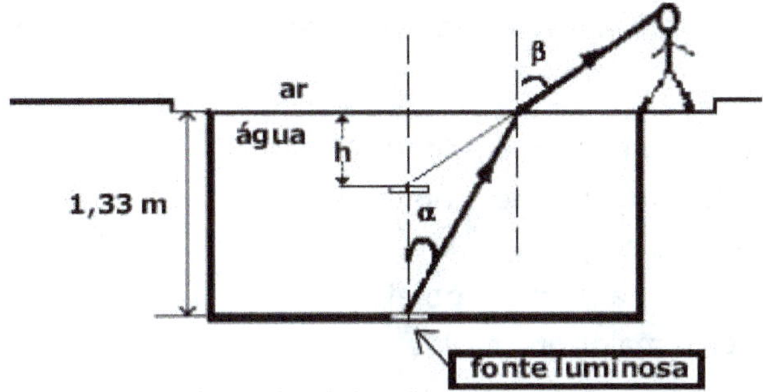

desenho ilustrativo - fora de escala

[A] 0,80 m
[B] 1,00 m
[C] 1,10 m
[D] 1,20 m
[E] 1,33 m

21. (U. Taubaté-SP) O ângulo de refringência de um prisma óptico é 75°. Um raio luminoso incide na face desse prisma, cujo índice de refração é $\sqrt{2}$. Então, podemos afirmar que:

Dados: $sen45° = \frac{\sqrt{2}}{2}; sen30° = \frac{1}{2}$

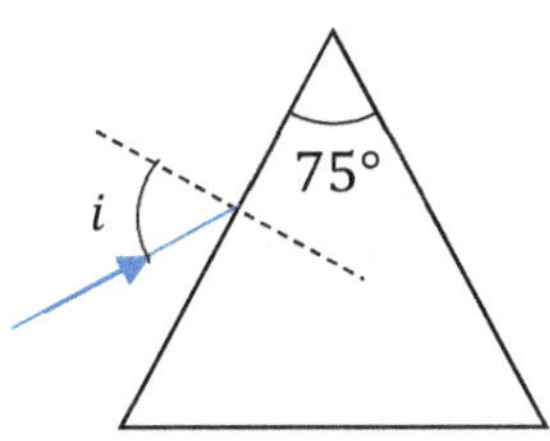

[A] Todos os raios incidentes serão emergentes.
[B] Não haverá raio emergente.
[C] Se o raio incidente tiver ângulo de incidência menor do que 30°, será emergente.
[D] Só emergem os raios cujo $i \geq 45°$

22. (EsPCEx-2011) Um objeto é colocado sobre o eixo principal de uma lente esférica delgada convergente a 70 cm de distância do centro óptico. A lente possui uma distância focal igual a 80 cm. Baseado nas informações anteriores, podemos afirmar que a imagem formada por esta lente é:

[A] real, invertida e menor que o objeto.
[B] virtual, direita e menor que o objeto.
[C] real, direita e maior que o objeto.
[D] virtual, direita e maior que o objeto.
[E] real, invertida e maior que o objeto.

23. (EsPCEx-2019) Um objeto retilíneo e frontal $\overline{XY}$, perpendicular ao eixo principal, encontra-se diante de uma lente delgada convergente. Os focos F e F', os pontos antiprincipais A e A' e o centro óptico "O" estão representados no desenho abaixo. Com o objeto $\overline{XY}$ sobre o ponto antiprincipal A, pode-se afirmar que a imagem $\overline{X'Y'}$, desse objeto é:

Dados: $\overline{OF} = \overline{FA}$ e $\overline{OF'} = \overline{F'A'}$

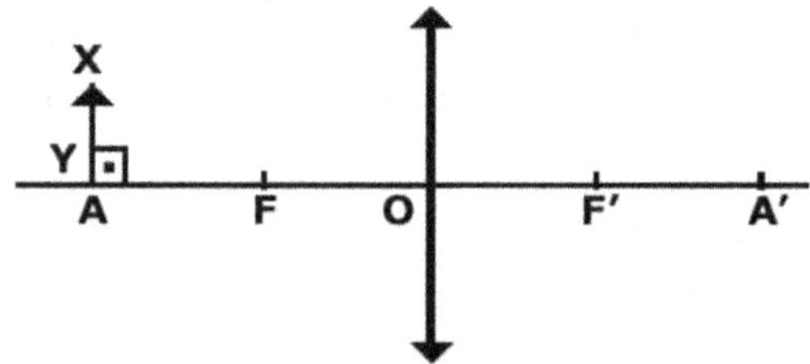

Desenho Ilustrativo - Fora de Escala

[A] real, invertida, e do mesmo tamanho que $\overline{XY}$.
[B] real, invertida, maior que $\overline{XY}$.
[C] real, direita, maior que $\overline{XY}$.
[D] virtual, direita, menor que $\overline{XY}$.
[E] virtual, invertida, e do mesmo tamanho que $\overline{XY}$.

24. (EsPCEx-2020) Um lápis está posicionado perpendicularmente ao eixo principal e a 30 cm de distância do centro óptico de uma lente esférica delgada, cuja distância focal é -20 cm. A imagem do lápis é

[A] real e invertida.
[B] virtual e aumentada.
[C] virtual e reduzida.
[D] real e aumentada.
[E] real e reduzida.

25. (Fuvest-SP) Uma lente L é colocada sob uma lâmpada fluorescente AB cujo comprimento é AB = 120 cm. A imagem é focalizada na superfície de uma mesa a 36 cm da lente. A lente situa-se a 180 cm da lâmpada e o seu eixo principal é perpendicular à face cilíndrica da lâmpada e à superfície plana da mesa. A figura a seguir ilustra a situação.

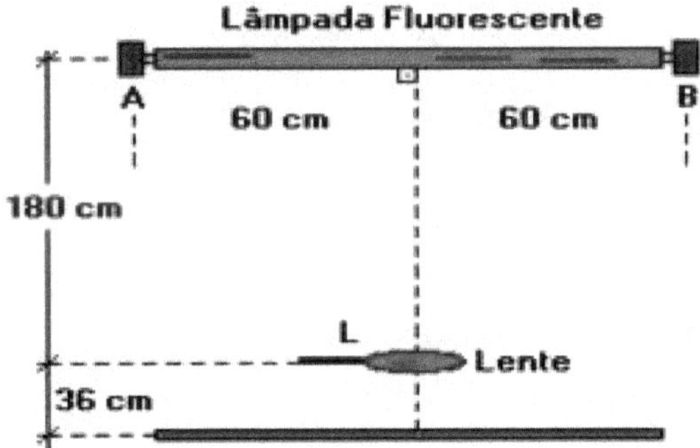

Pede-se:

a) a distância focal da lente.
b) o comprimento da imagem da lâmpada e a sua representação geométrica. Utilize os símbolos A' e B' para indicar as extremidades da imagem da lâmpada.

26. (EsPCEx-2021) A lupa e um instrumento óptico constituído por uma simples lente convergente. Com relação a imagem que ela forma de um objeto real que foi colocado entre o seu foco principal e o centro óptico, podemos afirmar que é:

[A] virtual, direita e maior.
[B] virtual, invertida e maior.
[C] real, direita e maior.
[D] real, invertida e maior.
[E] real, direita e menor.

27. (EsPCEx-2015) Um estudante foi ao oftalmologista, reclamando que, de perto, não enxergava bem. Depois de realizar o exame, o médico explicou que tal fato acontecia porque o ponto próximo da vista do rapaz estava a uma distância superior a 25 cm e que ele, para corrigir o problema, deveria usar óculos com "lentes de 2,0 graus", isto é, lentes possuindo vergência de 2,0 dioptrias. Do exposto acima, pode-se concluir que o estudante deve usar lentes:

[A] divergentes com 40 cm de distância focal.
[B] divergentes com 50 cm de distância focal.
[C] divergentes com 25 cm de distância focal.
[D] convergentes com 50 cm de distância focal.
[E] convergentes com 25 cm de distância focal.

Ondas

MHS – Movimento Harmônico Simples

A figura abaixo representa um corpo de massa *m*, apoiado sobre uma superfície sem atrito, preso a uma mola de constante elástica *k*, com massa desprezível. Considere a posição de equilíbrio como a origem. O corpo é posto a movimentar-se ao longo do eixo x, por meio de uma força $\vec{F}$

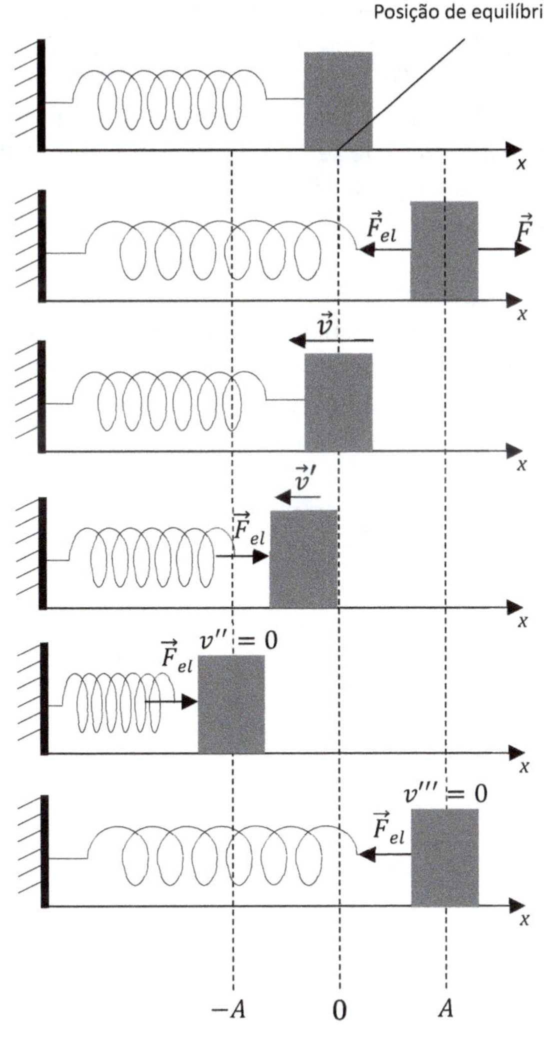

e logo em seguida é abandonado na posição A. A força elástica assume o papel de força restauradora e fornece uma aceleração no corpo (a segunda cena acima mostra a situação). Assim, à proporção que o corpo retorna para a posição de equilíbrio, a força elástica diminui, e como consequência a aceleração também, até se tornarem nulas no instante em que o corpo se encontrar novamente na posição de equilíbrio.

Entretanto, a velocidade do corpo não se anula nessa posição ($x = 0$), ao contrário, na posição de equilíbrio o módulo da velocidade é máximo.

O corpo passa a executar um movimento retardado até alcançar a posição –*A*. Aqui os módulos da força restauradora e da aceleração atingem seus valores máximos e o corpo para ($v'' = 0$) e inverte o sentido do movimento. O corpo é novamente acelerado e o processo se repete. Para cada ciclo (repetição), temos o mesmo intervalo de tempo. A esse movimento damos o nome de *Movimento Harmônico Simples* (MHS).

Uma das características desse movimento é que a força e a aceleração estão sempre orientadas para a posição de equilíbrio.

A posição do corpo varia entre uma posição máxima e uma posição mínima. A máxima elongação A é chamada de *amplitude* do MHS.

O intervalo de tempo de duração de um ciclo é chamado de *período* (T). (No S.I. é dado em segundos). O número de ciclos que o corpo executa na unidade de tempo é denominado de *frequência* (f).

$$f = \frac{n^{\underline{o}}\ de\ ciclos}{\Delta t} = \frac{1}{T}$$

No SI a unidade de frequência é o hertz (Hz).

Com o auxílio de um movimento circular uniforme (MCU) é possível estudar o MHS. Observe a figura a seguir.

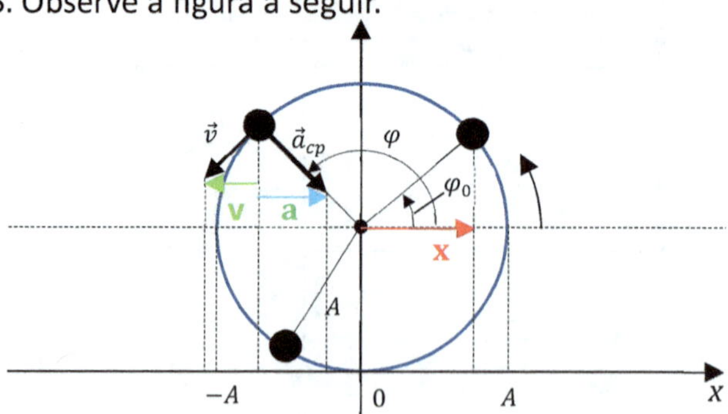

A partícula executa um MCU de raio *A* com velocidade angular ω constante. Utilizando as projeções do raio, velocidade e aceleração ao longo do eixo "x", teremos:

Elongação: $x = Acos(\omega t + \varphi_0)$;

Velocidade: $v = -\omega Asen(\omega t + \varphi_0)$;

Aceleração: $a = -\omega^2 Acos(\omega t + \varphi_0)$.

Em que:

- $\omega = \frac{2\pi}{T}$
- φ_0: é a fase inicial.

Gráficos do MHS

A figura a seguir mostra o comportamento da elongação, velocidade e aceleração da partícula em função do tempo, considerando uma fase inicial nula $(\varphi_0 = 0)$.

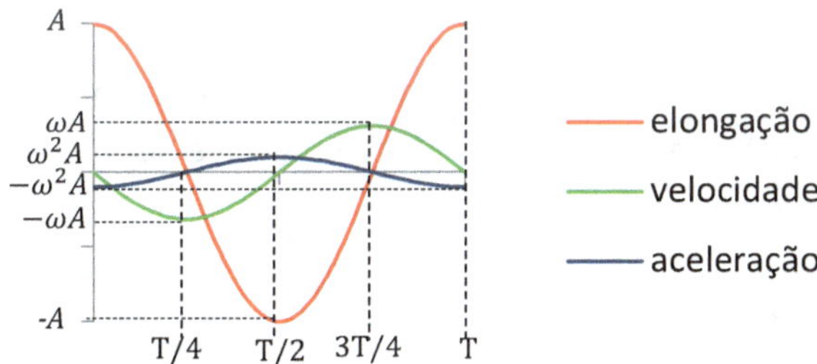

1. Relações entre a elongação e a velocidade e aceleração e elongação

Utilizando as relações acima podemos escrever para a velocidade a seguinte expressão:

$$v = \pm\omega\sqrt{A^2 - x^2}$$

Pode-se observar que quando $x = 0$ (partícula no ponto de equilíbrio) a velocidade adquire o módulo máximo, $|v_{máx}| = \omega A$. E quando a partícula se encontra nos pontos extremos, $x = \pm A$, a velocidade se anula.

Ainda das expressões anteriores para a elongação e aceleração, pode-se escrever:

$$a = -\omega^2 x$$

Da expressão acima, pode-se concluir que quando $x = 0$, a aceleração é nula. A aceleração passa a assumir o valor máximo, em módulo ($|a_{máx}| = \omega^2 A$), nos extemos, ou seja, quando $x = \pm A$.

2. Dinâmica do MHS

Na primeira figura podemos observar que a força restauradora (força elástica) exerce o papel de força resultante no corpo. Assim, da segunda lei de Newton, podemos escrever:

$$ma = -kx$$

Por sua vez, a aceleração também é proporcional ao deslocamento x, conforme foi visto anteriormente. Assim, verifica-se que a frequência angular (velocidade angular) é dada por:

$$\omega = \sqrt{\frac{k}{m}}$$

E da relação da frequência angular, podemos escrever ainda:

$$T = 2\pi\sqrt{\frac{k}{m}} \text{ e } f = \frac{1}{2\pi}\sqrt{\frac{m}{k}}$$

Obs.: O período e a frequência não dependem da amplitude do movimento.

A energia potencial elástica assume valores máximos nos extremos do movimento, ou seja, quando o corpo se encontra na amplitude do movimento.

A energia cinética assume o valor máximo quando o corpo se encontra, instantaneamente, no ponto de equilíbrio.

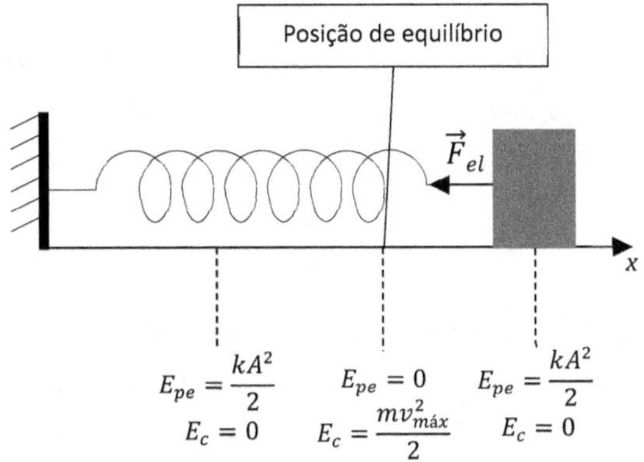

A energia mecânica, para um MHS, se conserva é dada por:

$$E_M = E_c + E_{pe} = \frac{kx^2}{2} + \frac{mv^2}{2} \quad \text{ou} \quad E_M = \frac{kA^2}{2}$$

Pêndulo simples

Um pêndulo simples é formado por um corpo ligado a um fio de massa desprezível, que pode oscilar de aproximadamente como um MHS.

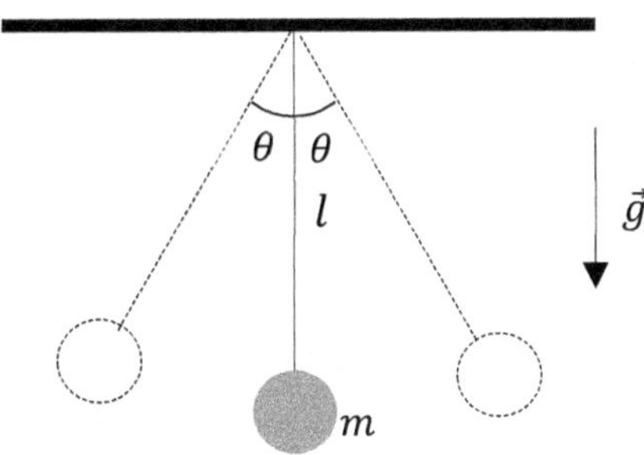

Para pequenas amplitudes angulares (θ), o pêndulo oscila com um período dado por:

$$T = 2\pi\sqrt{\frac{l}{g}}$$

Em que l é o comprimento do fio e g é a aceleração da gravidade local.

Verifica-se que o período e também a frequência do movimento pendular, não dependem da massa do corpo.

Ondas

Onda é uma perturbação de um meio elástico, ou ainda de um campo, que se propaga transportando energia e também quantidade de movimento, mas sem transporte de matéria.

Natureza da onda:

➢ Ondas mecânicas: Ondas mecânicas necessitam de um meio material para se propagar. Exemplos.: Ondas sonoras; ondas em cordas.
➢ Ondas eletromagnéticas: Ondas eletromagnéticas não necessitam de um meio material para se propagar, podendo se propagar no vácuo e em alguns meios materiais. Exemplos.: Ondas de rádio, micro-ondas e etc.

Direção de oscilação:

➢ Ondas transversais: As oscilações ocorrem na direção perpendicular à direção de propagação. Exemplo: Ondas em cordas.
➢ Ondas longitudinais: As oscilações ocorrem na mesma direção de propagação. Exemplo: Ondas sonoras.

As ondas eletromagnéticas são transversais e se propagam no vácuo com a mesma velocidade que vale aproximadamente $300.000\ km \cdot s^{-1} = 3 \cdot 10^8\ m \cdot s^{-1}$. Nos meios materiais, a velocidade de propagação é menor que no vácuo e depende da frequência e do meio em que se propaga.

Velocidade de propagação de um pulso de onda em uma corda tracionada.

Para uma corda de massa *m* e comprimento *l*, quando submetida a uma tração (força de tensão) *T*, transportará um pulso cuja velocidade será:

$$v = \sqrt{\frac{T}{\mu}}$$

Em que:

- $\mu = \frac{m}{l}$ (densidade linear da corda)

Ou ainda:

$$v = \sqrt{\frac{T}{\rho \cdot A}}$$

Em que:

- $\rho = \frac{m}{V}$ (densidade volumétrica da corda)
- A: área da secção transversal da corda.

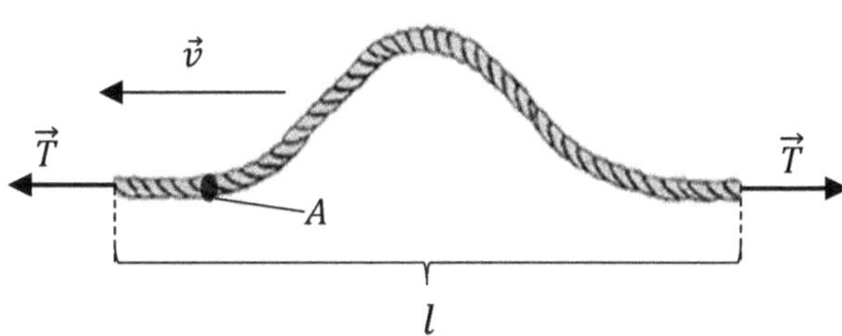

Quando executamos movimentos de oscilação na extremidade livre de uma corda na direção vertical, em intervalos de tempo iguais, podemos observar a propagação de uma onda, conforme a figura abaixo.

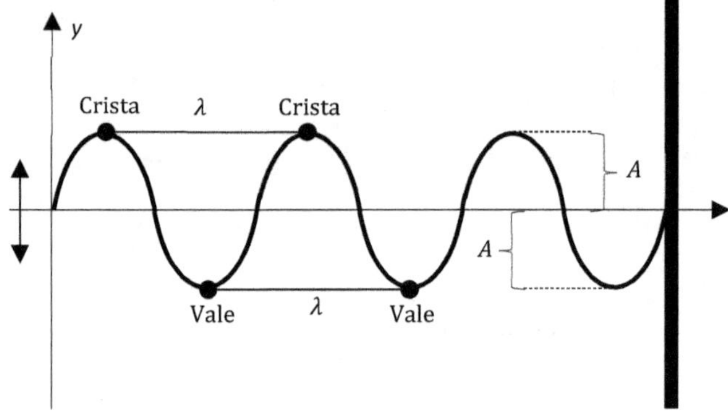

Em que:

- λ: é o comprimento de onda;
- A: é a amplitude da onda.

A frequência e o período onda se relacionam de acordo com a expressão:

$$f = \frac{1}{T}$$

E a velocidade da onda é dada pela expressão (equação fundamental da onda):

$$v = \lambda \cdot f$$

A equação da onda é dada por:

$$y = Acos\left[2\pi\left(\frac{t}{T} - \frac{x}{\lambda}\right) + \varphi_0\right]$$

Em que φ_0 é a fase inicial.

Em uma onda periódica é possível identificar diversos pontos que oscilam em concordância de fase e outros tantos que oscilam em oposição de fase.

Seja $d = n\lambda/2$ a distância entre dois pontos quaisquer de uma onda, podemos afirmar que:

- Se $n = 1, 3, 5, 7, ...$ (ímpar), os pontos oscilam em oposição de fase;
- Se $n = 2, 4, 6, 8, ...$ (par) os pontos oscilam em concordância de fase.

Reflexão de pulsos

- Corda com uma extremidade fixa.

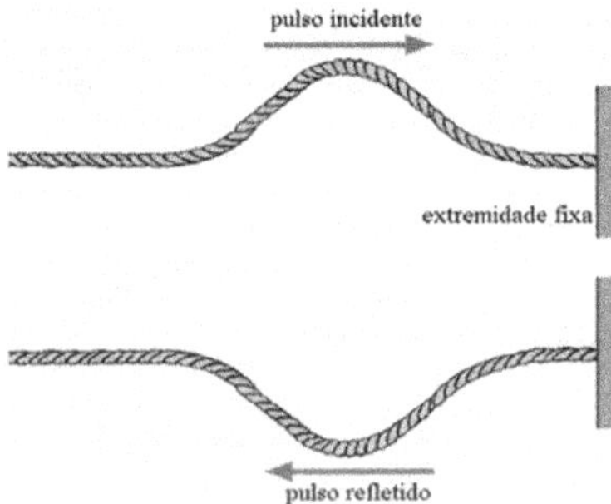

Ocorre inversão de fase.

- Corda com extremidade livre

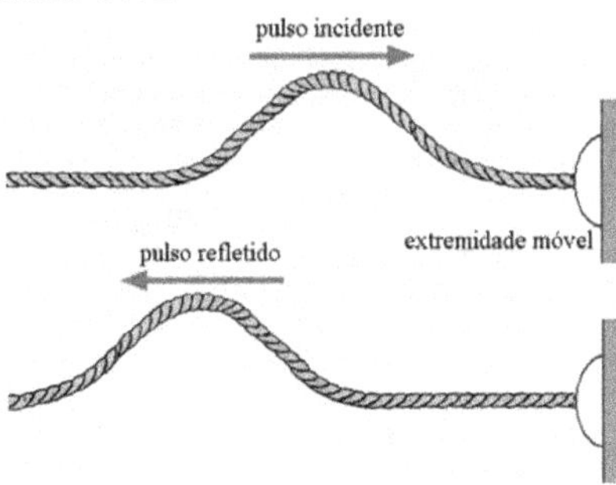

Não ocorre inversão de fase.

Frente de onda e princípio de Huygens

Para ondas *bi* e *tridimensionais* podemos definir frente de onda como o conjunto de todos os pontos do meio que, em determinado instante, são atingidos pela onda que se propaga. A *frente de onda* representa uma separação entre a região perturbada da região não perturbada. Para ondas bidimensionais em meios homogêneos e isótropos, as frentes de onda podem ser *retas* ou *circulares*.

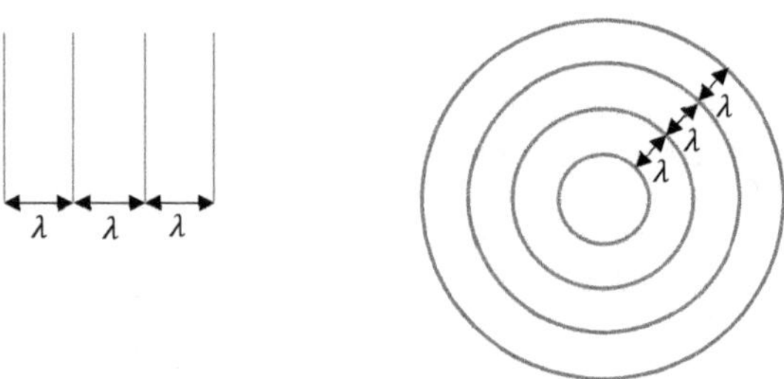

Na propagação tridimensional em meios homogêneos e isótropos, as frentes de onda podem ser *planas* ou *esféricas*.

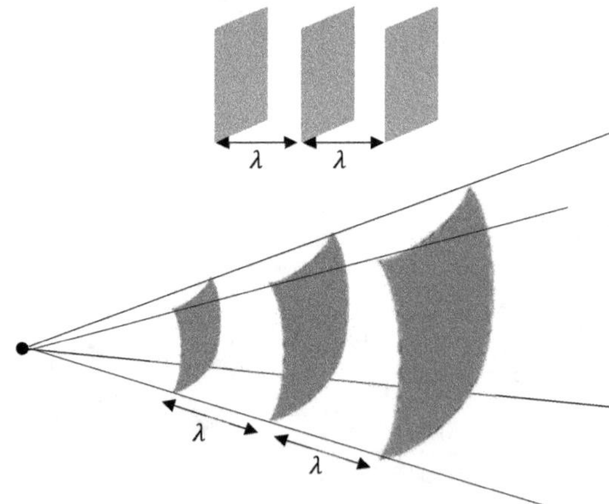

O *princípio de Huygens* permite encontrar a posição de uma frente de onda em um instante t, sabendo-se a posição dessa frente de onda em um instante anterior. *Cada ponto de uma frente de onda, em um dado instante* t_0 *(convencionalmente* $t_0 = 0$*), pode ser considerado uma fonte de ondas*

secundárias, produzidas no sentido de propagação e com a mesma velocidade no meio. No instante posterior t a nova frente de onda é a superfície que tangencia essas ondas secundárias.

Potência e intensidade de uma onda

Quando uma onda se propaga em um meio, ocorre transferência de energia da onda para as partículas do referido meio. A energia recebida pela onda é produzida pela própria fonte a gera. Desprezando a energia absorvida pelas partículas do meio, podemos afirmar que a energia transportada pela onda é exatamente igual a energia produzida pela fonte.

A taxa média de energia produzida pela fonte no intervalo de tempo (*potência média da fonte*), que é a *potência média transferida pela onda* é dada por:

$$P = \frac{\Delta E}{\Delta t}$$

Em que ΔE é a energia fornecida pela fonte (transmitida pela onda). No SI, a unidade de potência é o W (watt).

Considerando uma onda tridimensional, define-se a intensidade da onda como sendo:

$$I = \frac{P}{A}$$

Em que A é a área da superfície que tem a forma de uma frente de onda que é atravessada por uma quantidade de energia ΔE no intervalo de tempo Δt. No SI, a unidade de intensidade é o $W \cdot m^{-2}$.

Obs.: Para uma onda esférica, a intensidade é dada por:

$$I = \frac{P}{4\pi R^2}$$

Pois as frentes de ondas serão esféricas (cascas esféricas concêntricas), estando a fonte no centro das esferas. Sendo a potência da fonte e também a potência transmitida pela onda constantes, podemos concluir que a intensidade de uma onda esférica em um dado ponto do espaço é inversamente proporcional ao quadrado da distância deste ponto à fonte geradora da onda.

Fenômenos ondulatórios

Para o estudo dos fenômenos ondulatórios faz-se necessário representar a direção e o sentido de propagação de uma onda, para isso, utiliza-se linhas orientadas denominadas *raio de ondas*. Para meios homogêneos e isótropos, os raios de ondas são, por definição, retas perpendiculares às frentes de onda.

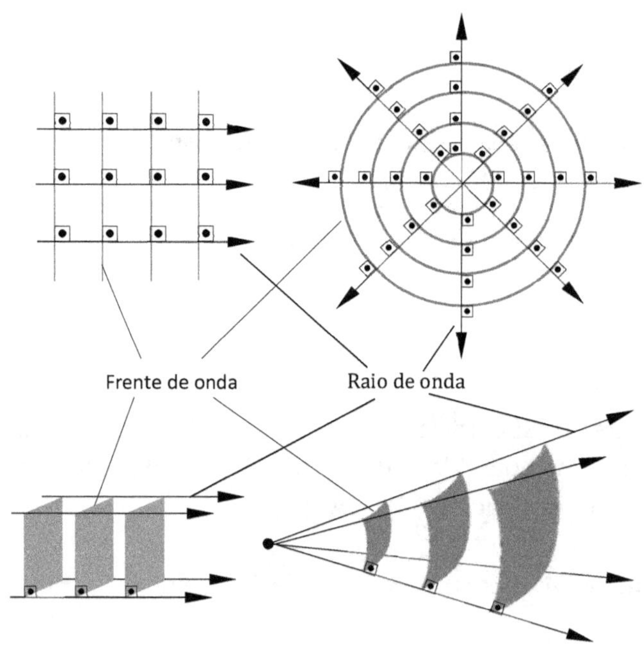

• Reflexão

Ondas bi e tridimensionais obedecem as seguintes leis de reflexão:

1º) O raio incidente, o raio refletido e a normal são coplanares.
2º) O ângulo de inicidência é igual ao ângulo de reflexão.

Na reflexão, a frequência, a velocidade e o comprimento de onda não variam. Na figura a seguir temos:

- AI: Raio de onda incidente;
- IB: Raio de onda refletido;
- NI: Normal à superfície de incidência;
- $\hat{\imath}$: Ângulo de incidência;
- $\hat{r}$: Ângulo de reflexão.

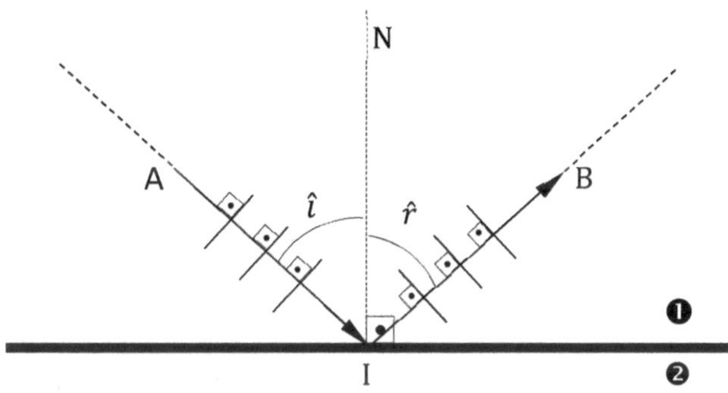

• Refração

Ondas bi e tridimensionais obedecem as seguintes leis de refração:

1º) O raio incidente, o raio refratado e a normal são coplanares.
2º) O ângulo de inicidência $\hat{\imath}$ e o ângulo de refração $\hat{r}$ se relacionam de acordo com a lei de Snell:

$$\frac{sen\hat{\imath}}{sen\hat{r}} = \frac{n_2}{n_1} = \frac{\lambda_1}{\lambda_2} = \frac{v_1}{v_2}$$

Em que:

- n_1 e n_2: são os índices de refração absoluto do meio 1 (onda incidente) e do meio 2 (onda refratada), respectivmente;
- λ_1 e λ_2: são os comprimentos de onda da onda incidente e refratada respectivamente;
- v_1 e v_2: são as velocidades de propagação das ondas nos meios 1 e 2.

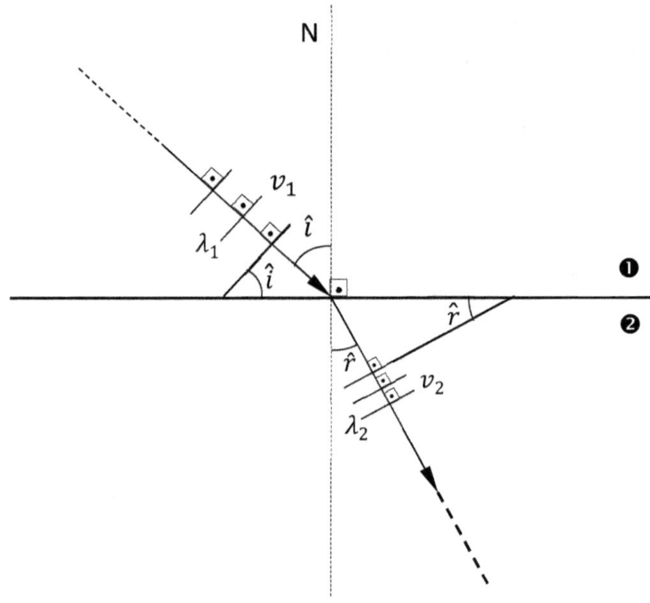

Obs.: Para ondas mecânicas não se define o índice de refração absoluto, mas somente o índice de refração relativo.

$$n_{1,2} = \frac{v_2}{v_1}$$

Pela lei de Snell podemos concluir o seguinte:

➢ Se a velocidade de propagação aumenta, então o comprimento de onda também aumenta na mesma proporção ($v_2 > v_1 \Rightarrow \lambda_2 > \lambda_1$).
➢ Se a velocidade de propagação diminui, então o comprimento de onda também diminui na mesma proporção ($v_2 < v_1 \Rightarrow \lambda_2 < \lambda_1$).

Na refração, a ***frequência*** e a ***fase*** não variam.

• Difração

Denomina-se difração o fenômeno pelo qual uma onda tem a capacidade de superar um obstáculo, ao ser interrompida por ele. Tal fenômeno pode ser explicado pelo princípio de Huygens.

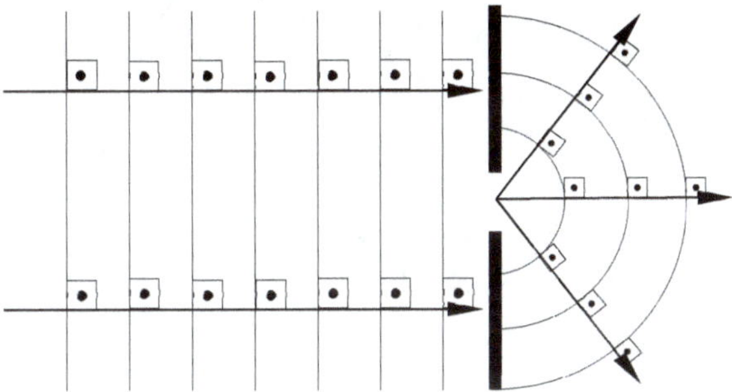

• Polarização

Quando uma onda se encontra polarizada, significa que ela só possui uma direção de oscilação.

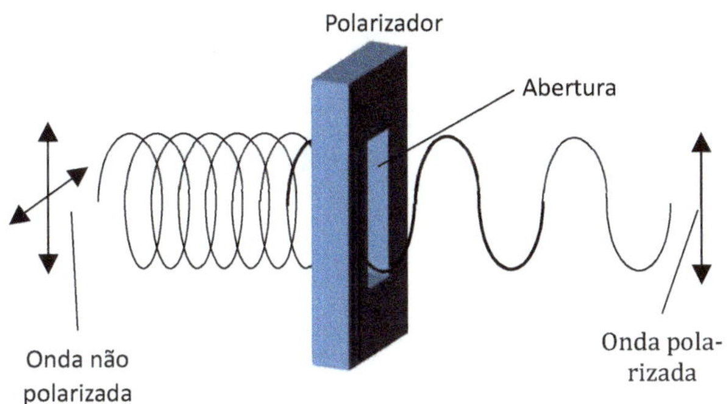

• Interferência

Quando duas, ou mais ondas se cruzam em um determinado ponto do espaço, cada uma delas se comporta independetemente das outras. E os efeitos individuais que cada uma delas provocaria no meio, durante a superposição, se somam algebricamente.

➢ Interferência construtiva

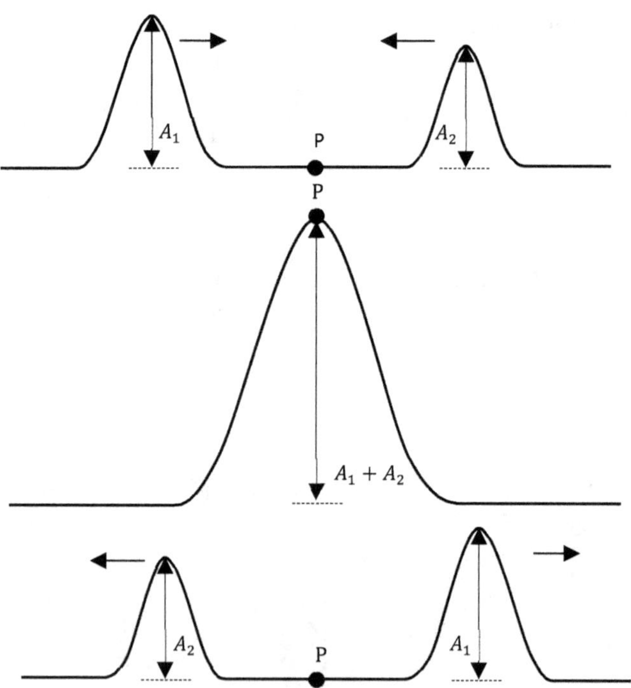

➢ Interferência destrutiva

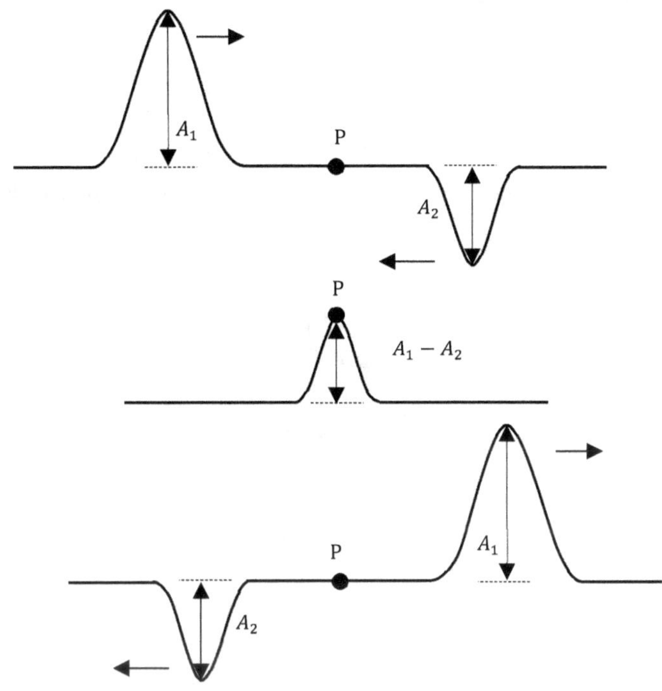

Onda estacionária

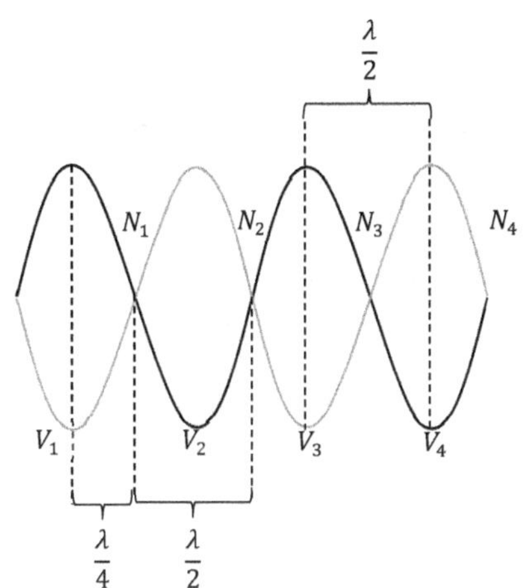

Denomina-se onda estacionária como sendo o resultado de uma interferência unidimensional de duas ondas iguais que se propagam em sentidos opostos.

Na figura ao lado pode-se identificar:

➢ *N*: nós, pontos de amplitude zero, resultantes de uma interferência destrutiva.

➢ *V*: ventres, pontos de amplitude máxima, resultantes de uma interferência construtiva.

➢ λ: comprimento de onda.

Interferência em duas dimensões

Sejam duas fontes (F_1, F_2) produzindo ondas, por exemplo na superfície de um lago, com frequências e amplitudes iguais (ondas coerentes) e em concordância de fase.

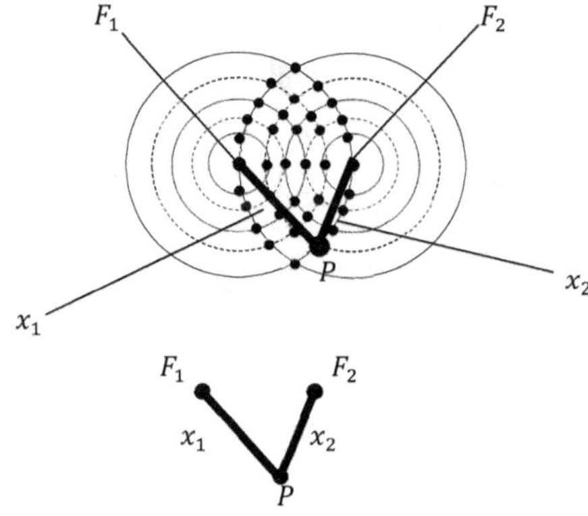

Na figura acima, as linhas tracejadas (---) representam os vales, as linhas cheias (——) representam as cristas. Os pontos represetam as interferências. As intersecções das linhas cheias e também as intersecções das linhas tracejadas representam as interferências construtivas. As intersecções das linhas cheias com as linhas tracejadas represetam as interferências construtivas.

Para identificar o tipo de interferência que ocorre, por exemplo no ponto P, tomamos a diferença entre os comprimentos (diferença de caminhos) x_1 e x_2.

$$x_1 - x_2 = n \cdot \frac{\lambda}{2}$$

- Para *n* par, a interferência será construtiva;
- Para *n* ímpar, a interferência será destrutiva.

Para fontes em oposição de fase (defasagem de $\pi\, rad$), deve-se inverter a regra acima descrita.

Ondas sonoras

Ondas sonoras são de origem mecânica, ou seja, necessitam de um meio material para se propagar. No ar, por exemplo, as ondas sonoras que se propagam da fonte até o ouvido humano devem ter frequência compreendida entre 20 Hz e 20000 Hz, para serem percebidas.

- Qualidades do som

➢ Altura: É a qualidade que permite classificar os sons em graves e agudos. Para sons graves – frequência menor; para sons agudos frequência maior.

➢ Intensidade: É a qualidade que permite distiguir um som forte de um som fraco. Para um som forte – grande intensidade sonora; para um som fraco – pequena intensidade sonora.

Já foi definido, anteriormente, a intensidade de uma onda. No entanto se faz necessário definir o *nível sonoro N* de um som. Esse nível sonoro é dado por:

$$N = 10 \cdot \log \frac{I}{I_0}$$

Em que $I_0 = 10^{-12}\, W \cdot m^{-2}$ é a intensidade mínima de um som audível geralmente adotada. No SI a unidade de nível sonoro é o decibel (dB).

➢ Timbre: Qualidade que permite classifcar os sons de mesma altura e de mesma intensidade, emitidos por fontes diferentes. Por exemplo, o som emitido por um violino e outro emitido por um piano.

Fontes sonoras – Cordas vibrantes

A vibração de uma corda, por exemplo em instrumentos musicais, provoca o surgimento de uma onda sonora que se propaga pelo ar. A frequência do som ouvido será igual à frequência de vibração dos pontos da corda. As frequências em que as ondas estacionárias são produzidas são as *frequências naturais* ou *frequências ressonantes* da corda.

A onda estacionária na corda de frequência mais baixa é chamada *frequência fudamental* que corresponde a uma onda estacionária com um único ventre, o *harmônico fundamental* ou *primeiro harmônico*. As demais frequências naturais são denominadas *sobretons* ou *harmônicos superiores*, uma vez que as frequências correspondentes são múltiplos inteiros da frequência fundamental.

A figura a seguir mostra os três primeiros harmônicos.

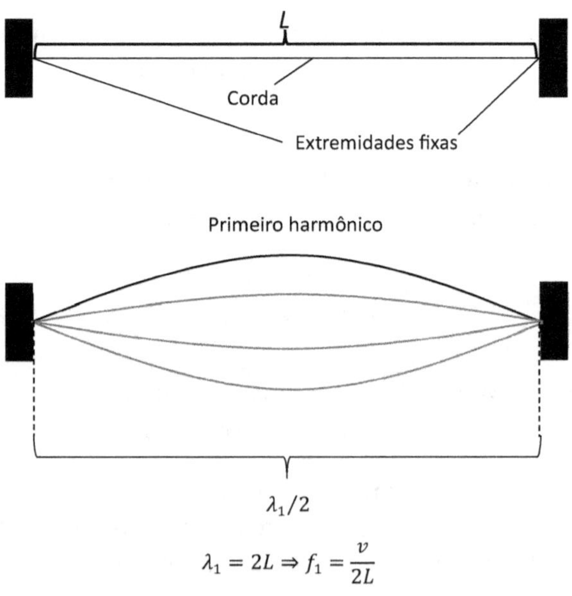

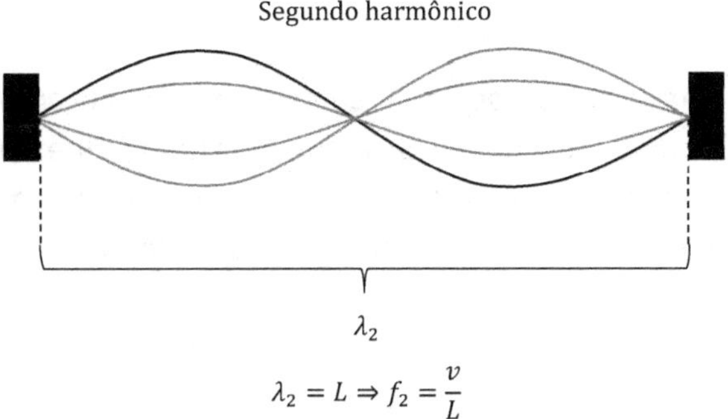

$$\lambda_2 = L \Rightarrow f_2 = \frac{v}{L}$$

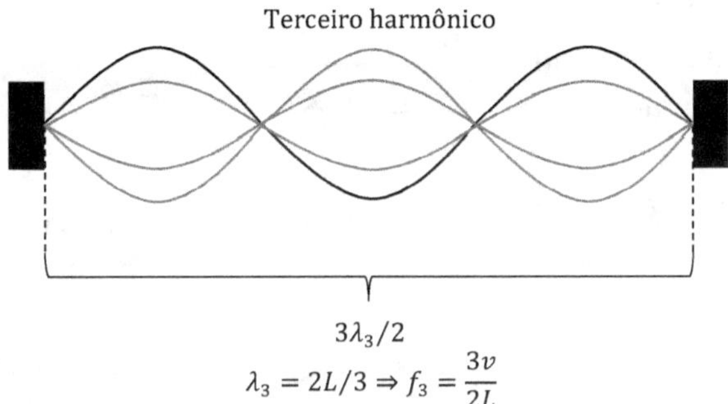

$$\lambda_3 = 2L/3 \Rightarrow f_3 = \frac{3v}{2L}$$

Para o enésimo harmônico:

$$\lambda_n = \frac{2L}{n} \Rightarrow f_n = \frac{nv}{2L}$$

Em que n é o número do harmônico e v é a velocidade da onda ($v = \lambda f$). E também:

$$f_n = nf_1$$

Como foi mencionado anteriormente.

Nos instrumentos de sopro, a coluna de ar no interior de um tubo é colocada a oscilar pelas turbulências criadas por uma palheta na embocadura do instrumento. As ondas são refletidas nas extremidades do tubo e ondas estacionárias podem ser estabelecidas na coluna de ar que preenche desse tubo.

• Tubo aberto

Em um tubo aberto, as ondas apresentam um ventre na embocadura e um ventre na extremidade aberta. A figura ao lado mostra os três primeiros harmônicos de um tubo aberto.

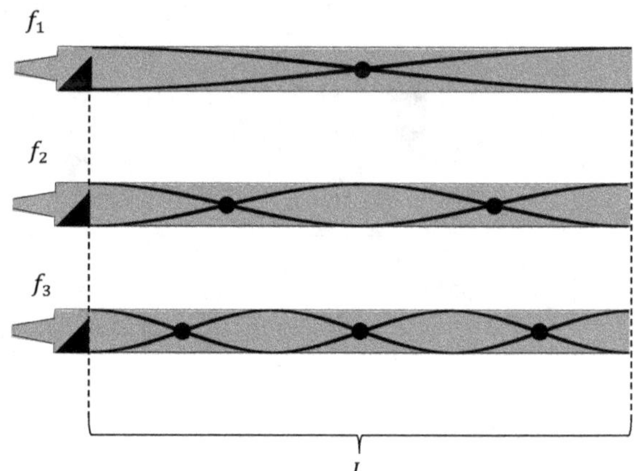

$$f_n = \frac{nv}{2L} \Rightarrow f_n = nf_1$$

Tubos abertos fornecem todos os harmônicos.

• Tubo fechado

Em um tubo aberto, as ondas apresentam um ventre na embocadura e um nó na extremidade fechada. Pode-se observar da figura a seguir que um tubo fechado produz harmônicos de frequências ímpares.

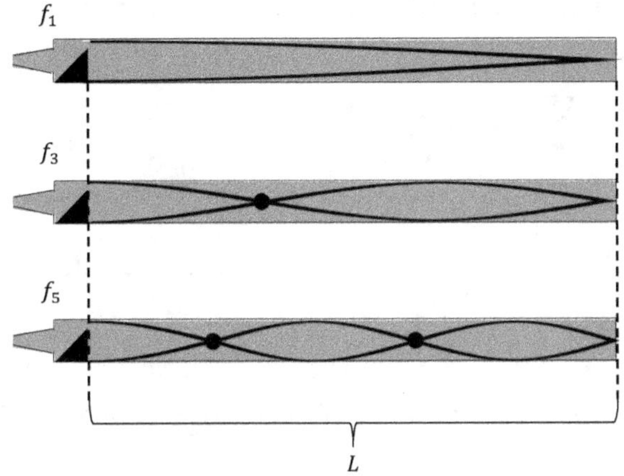

$$f_{2n-1} = \frac{(2n-1)v}{4L} \Rightarrow f_{2n-1} = (2n-1)f_1$$

Em que $v = \lambda f$.

Efeito Doppler

Quando há movimento relativo, de afastamento ou aproximação, entre a fonte sonora e um observador, a frequência da onda sonora percebida pelo observador, f_O, é diferente da frequência real emitida pela fonte, f_F, e é dada por:

$$f_O = f_F\left(\frac{v \pm v_O}{v \pm v_F}\right)$$

Em que:

- v: velocidade da onda;
- v_F: velocidade da fonte;
- v_O: velocidade do observador;
- f_F: frequência real emitida pela fonte;
- f_O: frequência percebida pelo observador.

A utilização dos sinais na equação acima devem estar de acordo com a seguinte convenção:

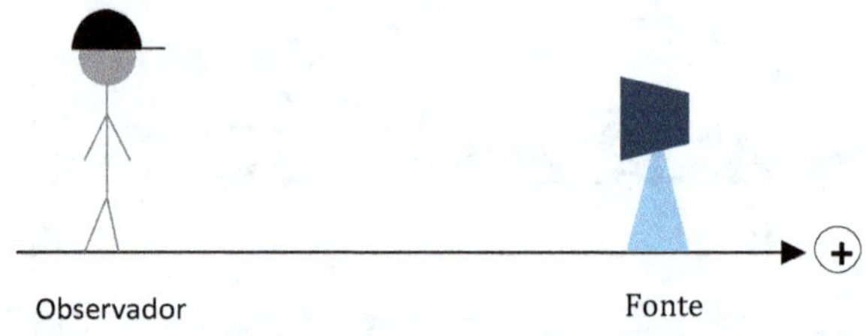

Orienta-se a trajetória no sentido do observador para a fonte. E assim:

$$v_O \begin{cases} + \text{ observador se aproxima da fonte} \\ - \text{ observador de afasta da fonte} \end{cases}$$

$$v_F \begin{cases} + \text{ fonte se afasta do observador} \\ - \text{ fonte se aproxima do observador} \end{cases}$$

- Para n par: interferência construtiva;
- Para n ímpar: interferência destrutiva.

Exercícios

1. (EsPCEx-2018) Com relação a um ponto material que efetua um movimento harmônico simples linear, podemos afirmar que

[A] ele oscila periodicamente em torno de duas posições de equilíbrio.
[B] a sua energia mecânica varia ao longo do movimento.
[C] o seu período é diretamente proporcional à sua frequência.
[D] a sua energia mecânica é inversamente proporcional à amplitude.
[E] o período independe da amplitude de seu movimento.

2. (EsPCEx-2012) Uma mola ideal está suspensa verticalmente, presa a um ponto fixo no teto de uma sala, por uma de suas extremidades. Um corpo de massa 80 g é preso à extremidade livre da mola e verifica-se que a mola desloca-se para uma nova posição de equilíbrio. O corpo é puxado verticalmente para baixo e abandonado de modo que o sistema massa-mola passa a executar um movimento harmônico simples. Desprezando as forças dissipativas, sabendo que a constante elástica da mola vale 0,5 N/m e considerando π = 3,14, o período do movimento executado pelo corpo é de
Dado: $g = 10\ m/s^2$

[A] 1,256 s
[B] 2,512 s
[C] 6,369 s
[D] 7,850 s
[E] 15,700s

3. (EN) Observe a figura a seguir.

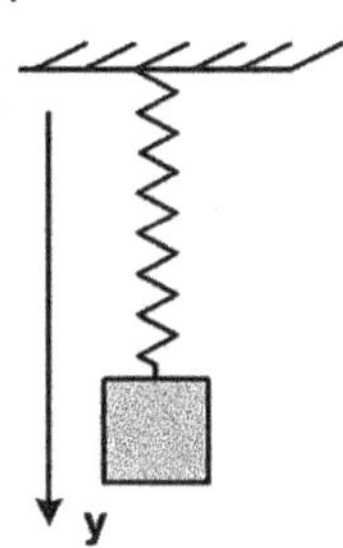

Na figura anterior, a mola possui uma de suas extremidades presa ao teto e a outra presa a um bloco. Sabe-se que o sistema massa-mola oscila em MHS segundo a função $y(t) = 5{,}0sen(20t)$, onde y é dado em centímetros e o tempo em segundos. Qual a distensão máxima da mola, em centímetros?

Dado: $g = 10m/s^2$

[A] 5,5
[B] 6,5
[C] 7,5
[D] 8,5
[E] 9,5

4. (EsPCEx-2013) Peneiras vibratórias são utilizadas na indústria de construção para classificação e separação de agregados em diferentes tamanhos. O equipamento é constituído de um motor que faz vibrar uma peneira retangular, disposta no plano horizontal, para separação dos grãos. Em uma certa indústria de mineração, ajusta-se a posição da peneira de modo que ela execute um movimento harmônico simples (MHS) de função horária x = 8 cos (8 π t), onde x é a posição medida em centímetros e t o tempo em segundos. O número de oscilações a cada segundo executado por esta peneira é de

[A] 2
[B] 4
[C] 8
[D] 16
[E] 32

5. (EsPCEx-2019) Um ponto material realiza um movimento harmônico simples (MHS) sobre um eixo 0x, sendo a função horária dada por:
$x = 0{,}08cos\left(\frac{\pi}{4}t + \pi\right)$, para x em metros e t em segundos. A pulsação, a fase inicial e o período do movimento são, respectivamente,

[A] $\frac{\pi}{4}\ rad/s, 2\pi\ rad/s, 6s$
[B] $2\pi\ rad/s, \frac{\pi}{4}\ rad/s, 8s$
[C] $\frac{\pi}{4}\ rad/s, \pi\ rad, 4s$

[D] $\pi\, rad/s, 2\pi\, rad, 6s$

[E] $\frac{\pi}{4}\, rad/s, \pi\, rad, 8s$

6. (EsPCEx-2020) Um ponto material oscila em torno da posição de equilíbrio O, em Movimento Harmônico Simples (MHS), conforme o desenho abaixo. A energia mecânica total do sistema é de 0,1 J, a amplitude da oscilação é de 10,0 cm e o módulo da máxima velocidade é de 1 m/s. Os extremos da trajetória desse movimento têm velocidade igual a zero (v=0).
Desprezando as forças dissipativas a frequência da oscilação em Hertz (Hz) é:

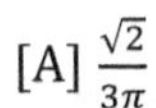

[A] $\frac{\sqrt{2}}{3\pi}$

[B] $\frac{\sqrt{5}}{\pi}$

[C] $\frac{5}{\pi}$

[D] $\frac{\sqrt{\pi}}{3}$

[E] $\frac{1}{2\pi}$

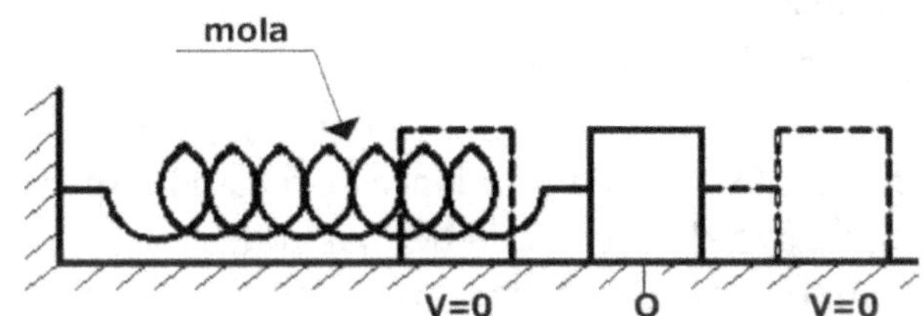

Desenho Ilustrativo - Fora de Escala

7. (EsPCEx-2021) Um corpo descreve um movimento harmônico simples ao longo do eixo X e em torno da origem dos espaços segundo a equação horária da posição X(t) = 5 cos (2t + 10). Sabendo que X é dado em metros e t é dado em segundos, no instante em que a velocidade do corpo é nula, o módulo da aceleração escalar do corpo, em m/s^2, será:

[A] 25
[B] 20
[C] 15
[D] 10
[E] 5

8. (EsPCEx-2022) Um observador analisou o movimento circular uniforme de uma partícula P ao longo de uma circunferência de raio igual a 3 m e velocidade escalar linear igual a π/4 m/s. Ele fez o desenho abaixo indicando a posição da partícula, no instante de observação t = 3 s, que se desloca no sentido anti-horário da circunferência. Ele também traçou um eixo X ao longo do diâmetro com a sua origem no centro da circunferência. Esse observador pode afirmar

que a função horaria que descreve a posição da projeção da partícula P ao longo do eixo X, no SI, é dado por:

Dado: Considere, no desenho, a velocidade $\vec{V}$ da partícula em t = 3 s.

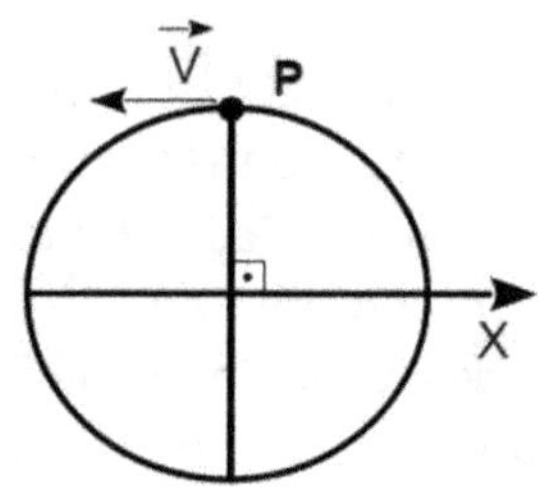

Desenho Ilustrativo – Fora de Escala

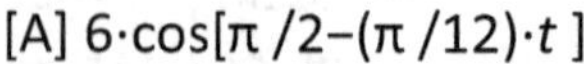

[A] 6·cos[π /2–(π /12)·*t*]
[B] 3·cos [π /2+(π/12)·*t*]
[C] 6·cos[π /4–(π/4)·*t*]
[D] 3·cos[π /4–(π/12)·*t*]
[E] 3·cos[π /4+(π/12)·*t*]

9. (EsPCEx-2015) Uma criança de massa 25 kg brinca em um balanço cuja haste rígida não deformável e de massa desprezível, presa ao teto, tem 1,60 m de comprimento. Ela executa um movimento harmônico simples que atinge uma altura máxima de 80 cm em relação ao solo, conforme representado no desenho abaixo, de forma que o sistema criança mais balanço passa a ser considerado como um pêndulo simples com centro de massa na extremidade P da haste. Pode-se afirmar, com relação à situação exposta, que
Dados: intensidade da aceleração da gravidade $g=10\ m/s^2$
considere o ângulo de abertura não superior a 10^0

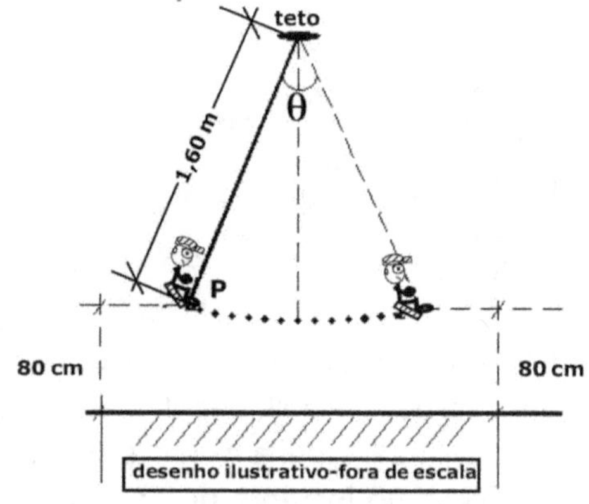

desenho ilustrativo-fora de escala

[A] a amplitude do movimento é 80 cm.
[B] a frequência de oscilação do movimento é 1,25 Hz.
[C] o intervalo de tempo para executar uma oscilação completa é de 0,8πs.
[D] a frequência de oscilação depende da altura atingida pela criança.
[E] o período do movimento depende da massa da criança.

10. (EN) Analise o gráfico abaixo.

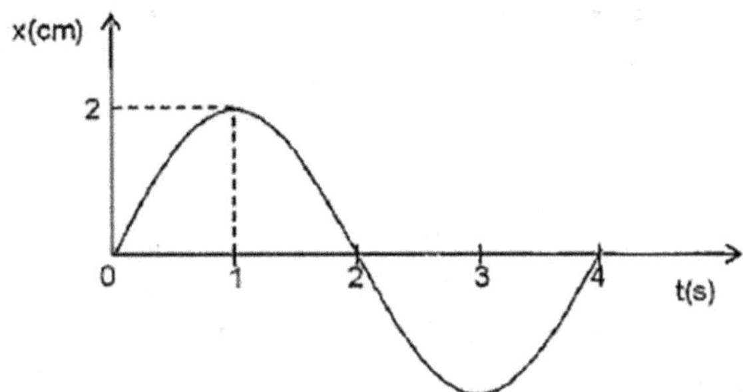

O gráfico acima representa a posição x de uma partícula que realiza um MHS (Movimento Harmônico Simples), em função do tempo t. A equação que relaciona a velocidade v, em cm/s, da partícula com a sua posição x é

1. $v^2 = \pi^2(1 - x^2)$
2. $v^2 = \frac{\pi^2}{2}\left(1 - \frac{x^2}{2}\right)$
3. $v^2 = \pi^2(1 + x^2)$
4. $v^2 = \pi^2\left(1 - \frac{x^2}{4}\right)$
5. $v^2 = \frac{\pi^2}{4}(1 - x^2)$

11. (EsPCEx-2018) Com relação às ondas, são feitas as seguintes afirmações:
I. As ondas mecânicas propagam-se somente em meios materiais.
II. As ondas eletromagnéticas propagam-se somente no vácuo.
III. As micro-ondas são ondas que se propagam somente em meios materiais.
Das afirmações acima está(ão) correta(s) apenas a(s)
[A] I.
[B] II.
[C] I e III.
[D] I e II.
[E] II e III.

12. (Fuvest) A figura a seguir representa, nos instantes t = 0s e t = 2,0s, configurações de uma corda sob tensão constante, na qual se propaga um pulso cuja forma não varia.

a) Qual a velocidade de propagação do pulso?

b) Indique em uma figura a direção e o sentido das velocidades dos pontos materiais A e B da corda, no instante t = 0s

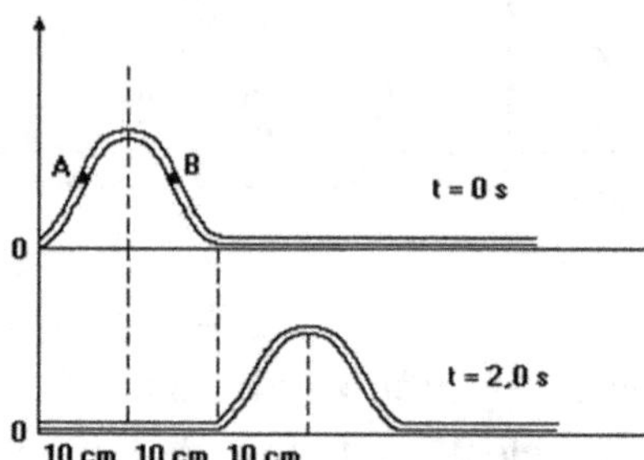

13. Dois cabos, de mesmo comprimento ℓ e densidades lineares μ_1 e μ_2, são colocados em um aparato conforme mostra a figura a seguir. Determine a razão $\frac{v_2}{v_1}$ entre as velocidades de pulsos transversais que se propagam nos dois cabos.

Dado: $\mu_2 = \sqrt{2}\mu_1$

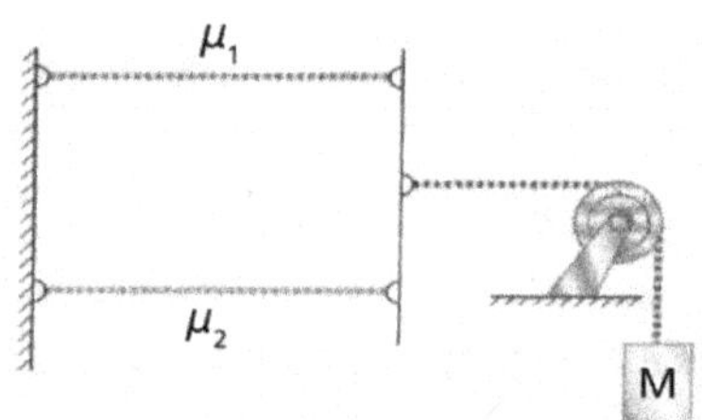

14. (EsPCEx-2014) Uma das atrações mais frequentadas de um parque aquático é a "piscina de ondas". O desenho abaixo representa o perfil de uma onda que se propaga na superfície da água da piscina em um dado instante. Um rapaz observa, de fora da piscina, o movimento de seu amigo, que se encontra em uma boia sobre a água e nota que, durante a passagem da onda, a boia oscila para cima e para baixo e que, a cada 8 segundos, o amigo está sempre na posição mais elevada da onda. O motor que impulsiona as águas da piscina gera ondas periódicas. Com base nessas informações, e desconsiderando as forças dissipativas na piscina de ondas, é possível concluir que a onda se propaga com uma velocidade de

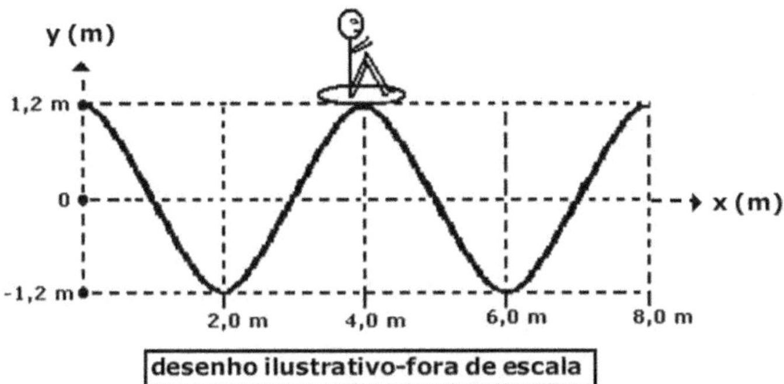

[A] 0,15 m/s

[B] 0,30 m/s

[C] 0,40 m/s

[D] 0,50 m/s

[E] 0,60 m/s

15. (EN) Analise a figura abaixo.

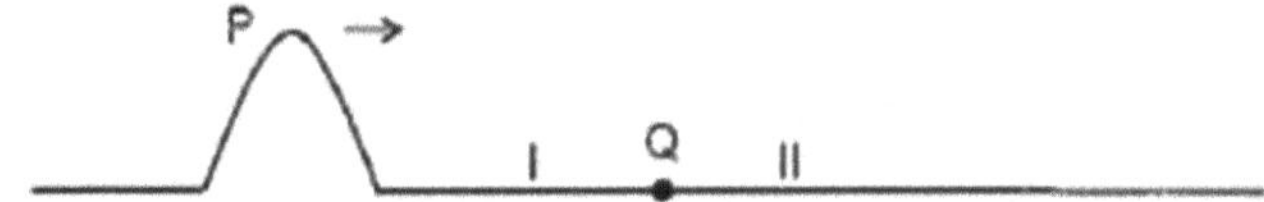

A figura acima representa um pulso P que se propaga em uma corda I, de densidade linear μ_I, em direção a uma corda II, de densidade linear μ_{II}. O ponto Q é o ponto de junção das duas cordas. Sabendo que $\mu_I > \mu_{II}$, o perfil da corda logo após a passagem do pulso P pela junção Q é melhor representado por:

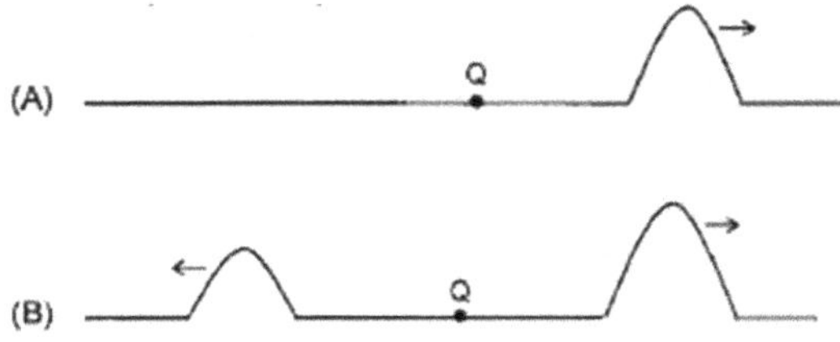

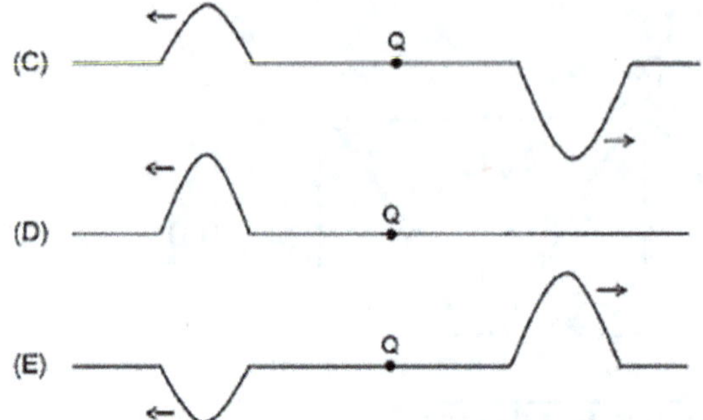

16. (EN) A onda estacionária representada na figura é produzida numa corda de extremos fixos e comprimento ℓ. Qual o comprimento de onda λ e qual o tipo de movimento que executa o ponto P?

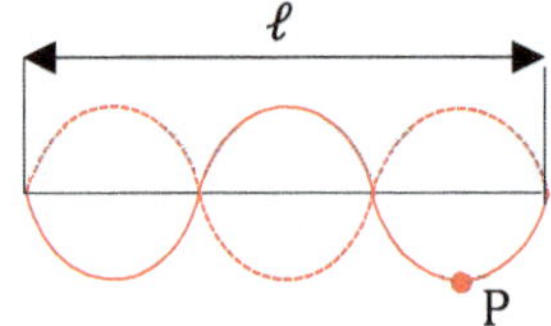

[A] $\lambda = \ell$; movimento harmônico uniforme.

[B] $\lambda = \frac{\ell}{3}$; movimento harmônico simples.

[C] $\lambda = \frac{\ell}{2}$; movimento harmônico variado.

[D] $\lambda = \frac{2\ell}{3}$; movimento harmônico simples.

[E] $\lambda = \frac{4\ell}{3}$; movimento harmônico uniforme.

17. (EsPCEx-2022) Uma corda homogênea de seção transversal constante e de comprimento 15,60 m é esticada na horizontal e suas extremidades são presas a paredes paralelas e opostas. Uma onda estacionária é estabelecida nessa corda de modo que se formam apenas três ventres entre as suas extremidades. Sabendo que a velocidade de propagação da onda na corda e de 2,60 m/s, podemos afirmar que a frequência da onda é de:

[A] 0,15 Hz [B] 0,25 Hz [C] 0,50 Hz [D] 2,00 Hz [E] 4,00 Hz

18. (EN) Analise a figura abaixo.

Uma fonte sonora isotrópica emite ondas numa dada potência. Dois detectores fazem a medida da intensidade do som em decibéis. O detector A que está a uma distância de 2,0 m da fonte mede 10 dB e o detector B mede 5,0 dB, conforme indica a figura ao lado. A distância, em metros, entre os detectores A e B, aproximadamente, vale

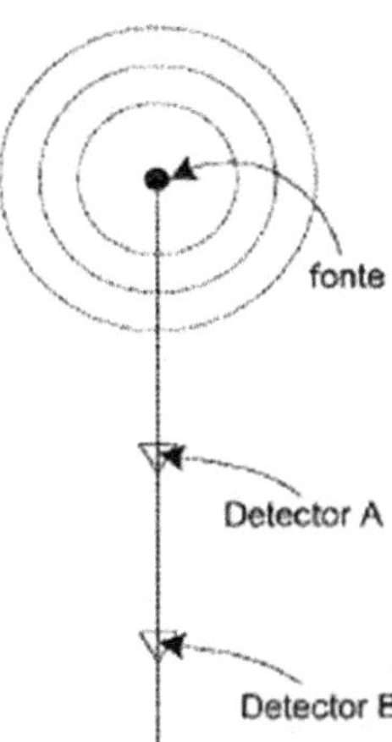

[A] 0,25
[B] 0,50
[C] 1,0
[D] 1,5
[E] 2,0

19. (EN) Uma fonte sonora, emitindo um ruído de frequência $f = 450\,Hz$, move-se em um círculo de raio igual a $50{,}0\,cm$, com uma velocidade angular de $20{,}0\,rad/s$. Considere o módulo da velocidade do som igual a $340\,m/s$ em relação ao ar parado. A razão entre a menor e a maior frequência (f_{menor}/f_{maior}) percebida por um ouvinte posicionado a uma grande distância e, em repouso, em relação ao centro do círculo, é

[A] 33/35
[B] 35/33
[C] 1
[D] 9/7
[E] 15/11

www.ingramcontent.com/pod-product-compliance
Lightning Source LLC
LaVergne TN
LVHW020028170826
845678LV00001B/158

* 9 7 8 6 5 0 0 8 6 1 2 8 0 *